岭南建筑丛书

广州城市形态演进
GUANGZHOUCHENGSHIXINGTAIYANJIN

周霞 著

中国建筑工业出版社

图书在版编目(CIP)数据

广州城市形态演进/周霞著．—北京：中国建筑工业出版社，2005
 （岭南建筑丛书）
 ISBN 7-112-07262-X

Ⅰ．广… Ⅱ．周… Ⅲ．城市规划—研究—广州市 Ⅳ．TU984.265.1

中国版本图书馆 CIP 数据核字（2005）第 016531 号

责任编辑：唐　旭　张幼平
责任设计：孙　梅
责任校对：关　健　赵明霞

岭南建筑丛书
广州城市形态演进
周　霞　著
*
中国建筑工业出版社出版、发行（北京西郊百万庄）
新　华　书　店　经　销
北京建筑工业印刷厂印刷
*
开本：787×960毫米　1/16　印张：12½　插页：1　字数：300千字
2005年6月第一版　2006年5月第二次印刷
印数：2,001—3,200　　定价：**38.00元**
ISBN 7-112-07262-X
TU·6489（13216）

版权所有　翻印必究
如有印装质量问题，可寄本社退换
（邮政编码 100037）
本社网址：http://www.china-abp.com.cn
网上书店：http://www.china-building.com.cn

总　序

　　20世纪70年代，广州因对外贸易的需要，建造了很多的新建筑，当时，新的设计思想、新的样式、新的手法给人一种新的感受，使人耳目一新，学习广州建筑也就成为当时的一种新潮。广州建筑是岭南地区建筑的一个组成部分，由于广州是岭南政治、经济、文化的中心，因而，从某种意义来说，谈到广州建筑，它就成为岭南建筑的代表了。此后，岭南建筑驰名全国，成为了全国主要流派之一。

　　谈到岭南地区的范围有不同看法，以建筑界来说，有广义和狭义两种解释。按地理来分，位于五岭之南称为岭南。因此，广义来说，包括广东、海南全省，福建泉州、漳州以南，广西东部桂林以南如南宁、北海等地区，属于岭南范围。狭义来说，则指广东珠江三角洲地区，包括肇庆、汕头、湛江和香港、澳门地区。我们认为按广义解释较为合理。可是在习惯上，岭南文化与广东文化经常相互混用，没有严格区分，而是按实际需要而定。

　　岭南建筑是一个特殊名词，它不等于建造在岭南地区的建筑就叫岭南建筑。我们认为，凡有岭南地域文化特征的建筑物才称它为岭南建筑。按时期来分就有岭南古建筑、岭南近代建筑和岭南现代建筑，后者也可称为岭南新建筑。

　　岭南古属南越，因它远离中原，古代被认为是不毛之地，在封建社会是作为流放发配的场所。在文化方面，岭南地区原为地道的土著文化，自秦汉开始已有中原文化进入。隋唐以来，随着对外商贸经济的不断发展，开辟了海上丝绸之路，土著文化与中原文化长期融合，又吸收了荆楚文化，吴越、闽越文化和沿海海洋文化，岭南文化成为一种以中原文化为主的多元综合文化。到了近代，岭南地区是最早与西方建筑文化进行交流的地区之一，从广东开平、台山侨乡建筑中，更可见到大量民间自发的对外交往，岭南人的敏捷开朗、讲究实际和敢拼敢闯的性格特征和多元兼容的文化特征深刻影响着岭南建筑的地方特性的呈现。

岭南地区位于中国大陆的最南地带，东南濒海，区内丘陵地多而平地较少，其间河流纵横。加上气候炎热，多雨又多台风，春夏之际湿度很大，有时达到饱和点，这种特殊的自然条件对建筑影响甚大。

建筑的地域性，除了文化、性格条件外，不同的自然条件，包括气候、地形、地貌、材料也是形成地方特性的主要因素，这是有别于其他地方建筑的一项重要内容。为此，建筑与自然环境的结合就自然形成为岭南建筑的一大特色。

岭南建筑，作为岭南地域文化的一种现象，与岭南文化、性格相表里，岭南人敏捷敢闯的思维，曾一度开风气之先。岭南建筑的创作实践和发展的过程蕴涵了建筑的地域、时代、文化、性格等各方面整合发展的规律和特点，因此，总结和加强岭南建筑的理论研究不但有着重要的学术价值，而且有着现实意义。

设想组织编写一套岭南建筑的书籍，总结前人和当代人在岭南传统建筑和当代建筑中的成就、经验、创作规律、创作思想和手法，为现代建筑服务是我们很早想做的一件事情，由于各种原因拖了下来。当前，在中央重视文化的方针号召下，在广东省委提出要"建设文化大省"的鼓舞下，我们感到有条件、有可能进行编写岭南建筑这一套书籍。

2003年12月，在福建武夷山一次民居学术研讨会上，中国建筑工业出版社张惠珍副总编参加了会议。我们提出希望出版岭南建筑丛书，得到了张副总编的大力支持，现在希望变为现实，我们要感谢中国建筑工业出版社。

现在组织编写出版的第一辑《岭南建筑丛书》六册，内容有城市与建筑发展、建筑与人文、类型建筑、园林与建筑技术等。我们还打算继续组织编写第二辑，希望有志于弘扬岭南建筑与文化的专家、学者给我们来稿，共同为创造和发展现代岭南建筑与文化尽一份力量。

于华南理工大学建筑学院
2005年1月

序

广州地处珠江三角洲腹地，濒临南海，有 2000 多年悠久的历史。自秦代建城以来，广州一直是岭南地区的政治、经济、文化中心和全国重要的商业贸易口岸，由于特殊的地理位置，长期的文化积淀使广州城市有极强的地方特色。

改革开放以后，珠江三角洲保持了 20 余年的高速增长，成为当前我国最重要、最具发展活力、最有发展潜质的经济区之一，是亚太乃至全球经济增长最快、现代制造业竞争力很强的地区之一。作为区域性中心城市的广州，其城市建设发展令人瞩目。

以这样的城市为研究对象既有理论意义又有实践意义。一方面，我国城市中有如广州一样长期稳定发展并且有丰富个性特色的城市不多。另一方面，城市在飞速发展的同时面临着方方面面的问题，既有整个社会转型中城市建设体制机制的问题，也有对城市发展规律本身的认识问题。

周霞在刘管平教授的悉心指导下，以丰富的文献史料为基础，对广州的城市形态历史演进进行了系统的研究，包括对广州历史渊源与形态演化规律的探索、对广州传统历史风貌特征的研究，等等，这些探索研究成果在对城市建设越来越注重城市环境质量、越来越注重历史文化内涵、越来越注重艺术人性化的当今，无疑是非常有意义的。

周霞博士毕业后，先在广州市城市规划局工作，后经全国公选成为了佛山市规划局总规划师，她的博士论文在 6 年后能够出版，可谓厚积薄发，经历了时间的检验。

展望 21 世纪的广州空间形态演变，随着经济全球化和数字城市的迅速发展，将进一步显现"山、城、田、海"的基本格局。以人为本、保持生态、可持续发展的科学发展观，将在政治、经济、社会、文化、科技等各领域影响着广州城市规划和城市形态的健康发展，希望有更多的学者、专家研究广州，希望广州的明天更美好。

国际欧亚科学院　院士
国家建设部城市规划专家

2005 年 2 月 25 日

目 录

总序
序

引言 ·· 1

第一章 城市形态演进研究的理论与方法 ································· 3
  第一节 城市形态理论的发展 ·· 4
  第二节 研究的对象、意义和目的 ······································ 14
  第三节 研究状况 ·· 15
  第四节 研究内容及方法 ··· 16

第二章 广州古代城市空间结构形态演进 ································· 20
  第一节 西城东郭，体现宗族礼制的南越国都城的
          城市空间结构形态 ·· 21
  第二节 坐北朝南，体现皇权礼制的隋、唐、南汉
          时期城市空间结构形态 ······································ 28
  第三节 三城并立，以统一水道街市为特征的宋代
          城市空间结构形态 ·· 36
  第四节 山水相伴的明清城市空间结构形态 ························ 45

第三章 广州近代城市空间结构形态演进 ································· 57
  第一节 西方资本主义初步输入的近代前期
          （1840～1911年） ··· 58
  第二节 西方资本主义深入影响的近代中期
          （1911～1937年） ··· 69
  第三节 抗日战争对城市的破坏及灾区重建
          （1937～1949年） ··· 94

第四章　广州现代城市空间结构形态演进 ········· 99
　　第一节　建国后广州城市空间结构形态发展
　　　　　　概述及主要的影响因素 ················ 100
　　第二节　历次规划及城市空间结构形态的变化 ······ 108
　　第三节　城市的物质空间形态分析 ··············· 119

第五章　多元文化影响下的广州城市形态 ········· 132
　　第一节　楚越地域文化影响下的城市形态 ········· 133
　　第二节　中原汉文化的移入与城市形态 ··········· 139
　　第三节　西方外来文化影响下的城市形态 ········· 145

第六章　广州城市形态发展演进的历史规律 ······· 160
　　第一节　城市形态演进受社会经济的制约 ········· 166
　　第二节　城市形态演进受自然环境的制约 ········· 168
　　第三节　城市形态演进受规划思想及多种
　　　　　　文化因素的影响 ······················ 170
　　第四节　广州城市形态发展演进总的特点 ········· 172

第七章　新一轮城市空间结构形态的发展思路 ····· 177
　　第一节　全球化时代的城市空间结构形态立意 ····· 177
　　第二节　广州城市形态发展面临的挑战 ··········· 179
　　第三节　发展走向试析 ························· 181

主要参考文献 ······································ 187
后记 ·· 190

引 言

　　以城市的物质形态特征及演变规律为核心的城市形态的研究是城市规划理论研究的基础。城市是生产力发展、社会不断进步的必然产物。城市的发展演变，都存在着内在的规律，发展的各个阶段，都表现出特定的形态特征。

　　广州从公元前214年建城起，迄今已有2200多年的历史。广州是岭南文化的中心城市，其发展从时间上看没有中断，从空间上看没有转移，城市功能长期稳定且富有特色，是中国城市中不多见的典型案例。对这样一个城市的形态历史演进问题的研究，不仅能够纵深地探究中国城市各个时期的形态特征和城市的发展进程，为今天的城市设计提供直接的指导，而且也对促进城市形态理论研究的深入和建设有中国特色的城市规划学说具有十分重要的意义。

　　改革开放以后，广州城市的发展进入了空前的活跃期，正发生着一系列的新旧交替的剧烈变革，对广州城市形态发展演变规律及走向的研究和把握，可以使我们更科学地、合理地从事当今城市建设和改造的工作。

　　本书第一章是关于广州城市形态演进的基础性理论研究，第二章到第四章以丰富的史料和文献为基础，在总结前人研究成果的基础上，将广州城市置于中国城市发展历史的大背景中，对其空间结构形态进行了深入的剖析和研究。

　　广州古代城市是我国重要的贸易口岸，由于远离朝廷，有五岭阻隔，城市得以长期持续发展。南越国都城采用了西城东郭的空间结构形式，体现了宗族礼制思想；南汉国都城兴王府的建设逐渐过渡到坐北朝南的形式，体现了皇权礼制的思想；宋代广州建设三城并立，形成了以统一水道街市为特征的空间结构形态；明清以后，城市空间结构形态结合了城市独特的山、水自然条件，形成了"六脉皆通海，青山半入城"的空间形态格局和"白云越秀翠城邑，三塔三关锁珠江"的整体空间环境意象。

广州近代城市是中西经济文化冲突的焦点，也是中国近代新思想的发源地和近代民主主义革命的策源地，城市在多种力系作用下，形成了"多元拼贴"的空间结构形态。相对其他沿海殖民地和半殖民地城市而言，沙面租界地形态未构成城市空间形态发展的主体，广州近代城市空间结构形态的演变体现了较强的自主性，广州城墙拆除、马路修建、城市老城区的全面改造，体现了城市自主地向近代转变的过程。这一时期城市规划在广州出现，孙中山先生的"南方大港"计划对广州花园都市的设想意义深远。

广州现代城市的发展，随着从"海防前线"到"开放窗口"的政策转变，也经历了一个特殊的转型期到迅猛扩张期的阶段，在城市规划指导下形成了以工业用地布局为主导，以各项用地有计划配置为特色的空间结构形态，随着社会主义市场经济体制的建立、土地的有偿使用，城市中出现了多元化空间形态格局，形成了六种空间形态类别。

本书第五章到第七章首先将城市置于特定的文化环境中，对其多元文化影响下的城市形态作了具体的分析，包括对南越文化影响下城市中的水上"浮城"、传统城市的色彩等具体形态的描述，对汉文化主导下的城市空间结构形态文化内涵的剖析，对外来文化冲击下形成的"二元拼贴"、"多元拼贴"的空间结构形态特征的进一步研究。

本书最终提出了广州城市形态发展演进的历史框架图，在高度总结和凝炼的基础上，提出了广州城市发展因受社会经济的制约、环境的制约、规划思想及多种文化观念的制约而呈现的三大规律，总结了其发展演进的特点，并对其以后的发展走向进行了分析。

第一章 城市形态演进研究的理论与方法

　　城市是生产力发展、社会不断进步的必然产物,是人类文明的物质载体。以城市的物质形态特征及演变规律为核心的城市形态的研究是城市规划设计理论研究的基础。

　　一般而言,狭义的形态是指物体呈现于人们视觉的全部表现形式,即形象与状态,广义的形态是指事物呈现于人们知觉的全部表现形式,包括抽象表现形式。城市形态是城市整体的物质形状和文化内涵双方面特征和过程的综合表现。《中国大百科全书——建筑·园林·城市规划》指出:"城市的形态是城市内在的政治、经济、社会结构、文化传统的表现,反映在城市和居民点分布的组合形式上,城市本身的平面形式和内部组织上,城市建筑和建筑群的布局特征上等。"[1]

　　从这一概念的界定可以看出,城市形态是社会多要素、多功能系统作用下城市本身的布局结构、平面形式、建筑风格等非常具体直观的有形表现,因此,从概念的外延上来看,城市形态的研究包括多个侧面(物质要素)和多个层次(文化内涵)的研究,再加上城市形态本身是由历史积淀而成的,具有动态演化的特征,这就使城市形态的研究具有非常丰富的综合性的内容。上述《中国大百科全书》中还指出,"只有把城市形态放在不断发展中的城市政治、经济、文化之中加以考察,才能有深入的理解,要在城市形态的研究中发现什么是比较稳定的因素,什么是变化和更替的因素,这样有助于总结历史经验和确定正确的城市规划观点"[2]。所以城市形态的研究具有抽象概括的特点,只有对城市的各物质要素的内在机制及其外部关系进行高度凝炼抽象和概括,才能把握城市总体的形态特征,揭示城市内外部诸要素相互间的关系,从而把握城市的演变规律,为城市的发展提供指导,这正是城市形态研究的特点所在。

　　城市空间结构形态是指城市各种物质要素在城市总体层次上的

空间组合关系，与城市形态是紧密相关的。从广义上来讲，城市空间结构形态和城市形态的涵义有时是相互渗透的，研究城市空间结构形态和研究城市形态是研究一个问题的两个出发点，即一个是从深层出发由内及外，另一个是从表层出发由表及里，两者的最终目的都是为了揭示城市发展的客观规律，因此本书的前四章在对广州各历史时期的城市形态演进进行研究时，以城市空间结构形态发展为重点。

第一节　城市形态理论的发展

对城市形态的研究，可以追溯到很早以前。比如我国在奴隶制鼎盛的西周开国之初（公元前11世纪）就有了满足等级制度需要的城市形态的规划制度。春秋战国时期的《周礼·考工记》中记载："匠人营国，方九里，旁三门，国中九经九纬，经涂九轨，左祖右社，前朝后市，市朝一夫。"从这个记载中我们可以看出城市的平面形式是方形，道路垂直相交，城市中有"祖"、"社"、"朝"、"市"等城市物质要素，按"旁"、"左"、"右"、"前"、"后"的关系布置（图1-1）。周朝按这个规划制度所建成的城市，虽未为考古发掘所证实，但如旁三门、宫城居中、左祖右社等形态制度对我国后来的城市建设有很大的影响。又如春秋战国时期著名的政治家、规划家管仲在他的《乘马》中对城市形态也提出了"因天材，就地利，城郭不必中规矩，道路不必中准绳"的见解，强调城市形态应充分结合地理条件，视城市的实际情况而定，不必强求形式上的规整。这种突出城市的个性、摒弃单一的城市格局、崇尚自然的思想对中国传统城市形态产生了深远的影响。

又比如在西方，公元前5世纪的古希腊出现了希波丹姆规划形式。这种形式遵循几何数的和谐，从秩序美的角度出发，采用几何形状，以棋盘路为城市的骨架。这种形态在后来的城市规划实践中被广泛地运用（图1-2）。公元前1世纪，古罗马的军事工程师维特鲁威的《建筑十书》提出了有利于城市防御和避风的八角形城市方案（图1-3）。到15、16世纪的文艺复兴时

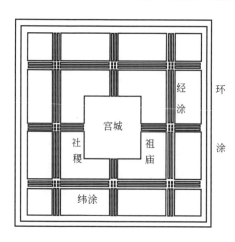

图 1-1
周王城复原想像图

期，西方学者对城市形态的探讨，更进入了一个高涨时期，如阿尔伯蒂（Alberti）、帕拉第奥（Palladio）、斯卡莫齐（Scamozzi）等先后对城市形态及理想空间模式进行了探讨，其中弗朗切斯科·迪乔治（Francesco di Giorgio）在维特鲁威的理想城市提案上，制定了一个道路按放射形布置、中央有圆形的纪念建筑物的城市方案（图1-4）。到巴洛克时期及以后，受这种城市提案的影响发展起来的城市渐渐多了起来，城市里有方或圆的广场，广场上有纪念物，有向四面放射的笔直的干道和整齐的街区。这种利用街道连接广场、园林绿地和纪念物，形成统一完整的构图轴线的方法，成为大城市中城市空间形态塑造的重要手段，其城市美学构图上的作用和意义影响至今。

对城市形态较为系统的理论研究，是随着西方18世纪下半叶开始的工业革命引起的社会经济各领域的巨大变革，在城市规划实践的推动下逐步产生的。由于近代工业的发展，工厂取代手工作坊，人口向城市大规模地聚集，大片工业区、仓库码头区和工人住宅区的出现，使传统的城市空间格局和建筑尺度被打破，城市形态急剧变化，城市越来越大，城市功能越来越复杂，各种城市问题也应运而生，如人口密集、房屋拥挤、环境恶劣、交通阻塞，等等。为了解决这些问题，人们开始对城市形态理论进行系统的探索研究。这种探索，一方面，延续传统的改善城市物质形体环境的做法，从城市本身的物质形体规划的角度出发，通过对城市物质形体的设计和美化，来改善城市面貌，并逐步发展为注重城市三度空间形态的现代城市设计；另一方面，人们也认识到就城市论城市的传统做法并不能解决大工业带给城市的根本问题，所以这种探索扩大到从区域、经济、地理、社会等宏观领域入手，综合探讨城市总体的形态特征和发展走向，并逐步演化为偏重城市二度用地形态的现代城市规划。

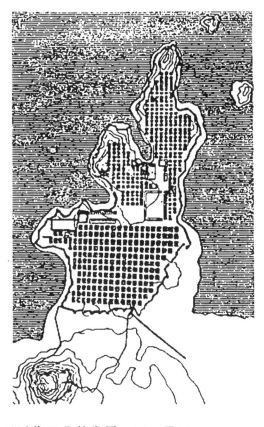

图1-2

古希腊希波丹姆城市形态

侧重于综合形态的理论研究方面

18、19世纪城市形态的巨大变化及产生的一系列的城市问题首先引起了一批社会学家的关注。最著名的有19世纪初欧文和傅立叶的空想社会主义的城市形态的设想和实践，他们把城市作为一个独立的社会经济实体，把城市建设与社会的改良联系起来。由于他们的设想忽视了大工业对城市发展的根本影响，带有理想主义色彩，因而在当时未产生实际的影响，但却成为后来"田园城市"、"卫星城市"等城市形态理论的基础。

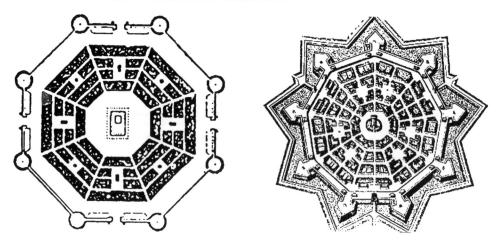

图 1-3
维特鲁威八角形城市形态

图 1-4
迪乔治的城市提案

"田园城市"是英国社会活动家霍华德（E. Howard）在1898年提出的，旨在通过新建一系列独立自主的城市，达到高效能高活力的城市生活和清静优美的乡村生活有机结合的目的，从而形成崭新的工业社会城市。这种针对现代工业社会出现的城市问题，把城市和乡村结合起来作为一个体系研究的方法，对现代城市规划思想的产生具有重要的意义（图1-5）。"卫星城市"是霍华德的追随者雷蒙·恩温（R. Unwin）在1922年提出的，主张在大城市周围分散布置一些独立的城市，这些城市在生产、经济、文化生活方面受中心城市的吸引（图1-6）。与此同时，对后来产生影响的城市形态理论还有法国建筑师戛涅（Gony Garnier）的工业城市理论，它主张在既有城市的内部对工业、居住之间进行严格的功能分区，通过便捷的交通组织来满足城市大工业发展的需要，运用钢筋混凝土建设市政交通设施和各种房屋，工业城市形态理论奠定了现代城市空间功能规划布局的理论基础（图1-7）；西班牙工程师索里亚·伊·马

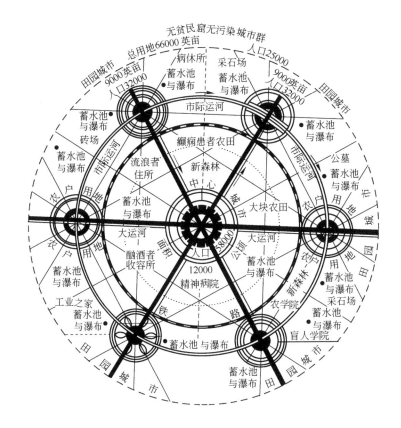

图 1-5-1
霍华德的"田园城市"

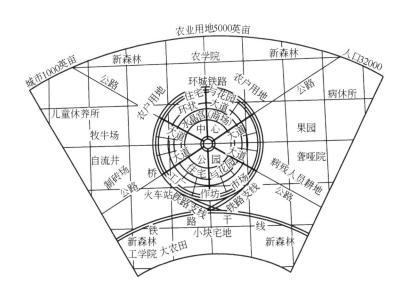

图 1-5-2
霍华德的"田园城市"

第一章 城市形态演进研究的理论与方法

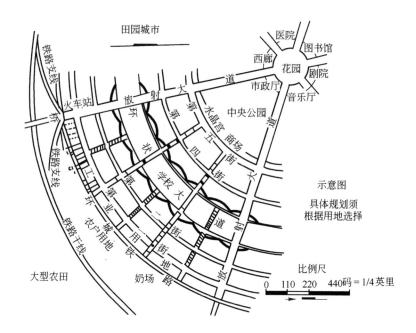

图 1-5-3
霍华德的"田园城市"

塔(Arturo Soria Mata)的带形城市主张城市形态沿一条高速度、高动量的轴线向前发展，城市宽度有限，长度无限，这种理论对以后城市分散主义有一定的影响(图 1-8)。

从这一时期的研究来看，城市形态的理论得到了很大的发展。与 19 世纪初相比，强调城市形态结构要适应城市功能的发展要求，城市的功能性规划思想逐渐成熟，并在实践中得到广泛的运用和发展，如 1918 年沙里宁(E. Saarinen)的大赫尔辛基方案、1930 年米留廷(A. Milntin)的斯大林格勒方案、1911 年格里芬(Griffin)的堪培拉田园城市方案、1945 年帕莱(Perret)的重建勒哈佛的工业城方案，等等。

与此同时，城市综合形态的发展理论的研究由于与社会生态学和城市地理学的结合，向着更深更广的方向发展。如 1921 年芝加哥的一群城市社会学家提出了"人类生态学"的概念，借助生态学过程的类比，来解释人类的种种居住模式及其演进；1935 年坦斯莱又提出较重要的生态系统概念，它要求对一个社区和其环境的结构与功能作出明确的阐述，并予以定量化；1958 年以多加底斯为首成立了"雅典技术组织"，并在 1963 年建立了雅典人类环境生态学中心，着重研究城市居民与其生态环境的关系，研究城市建设对自然条件、环境质量的作用与反作用，力图创造一个适合人类居住和工作的城市环境，以求全面合理地解决现代城市面临的环境污染与生态破坏的问题。城市地理学的崛起为城市和区域规划开拓了新的视野和途径，有代表性的理论如 1925 年黑格（M. Haig）的城市土地利用形态的地租决定理论，1933 年克里斯塔勒（W. Christaller）的"中心地学说"理论，1937 年的巴罗报告（Barlow Report），1949 年拉特克利夫（V. Ratcliff）的逐层分化的城市土地利用经济模式理论，等等。

总之，到了 20 世纪 60 年代后，由于多学科的交叉和横向的发展，人们对城市建设和发展的内在机制的认识前进了一步，城市物质形态的建设与经济发展计划、社会发展规划、科技文化发展规划以及生态环境发展规划互相结合，城市规划只有通过与经济学、社会学、历史学、地理学、政治学、人口学等学科的分工合作，才能取得良好的实际效果。这样，传统的以物质形态为核心的城市规划，发展成为一门多学科的综合规划，其重点已经从物质环境建设转向了公共政策和社会经济等根本性问题，更多地与国家政策和政府各级机构结合并取决于他们的意志和社会目标取向，城市规划学科也因此逐渐趋向于社会学科，成为一项社会工程。

侧重于物质形态的理论方面

在近代资本主义城市工商业迅速发展的推动下，从 19 世纪初开始在欧美城市中出现了一系列着眼于城市形体面貌、倡导城市宏敞壮美的新古典主义式的城市改建计划。在欧洲城市中最有影响的是 1853～1870 年由奥斯曼（Haussmann）主持的巴黎改建计划，该计划主要着眼于城市道路系统的开辟、广场的组织、房地产的经营和市政设施的建设等，为封

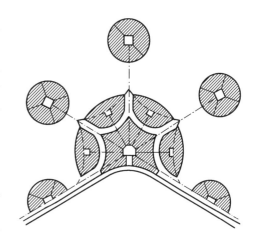

图 1-6　恩温的"卫星城市"

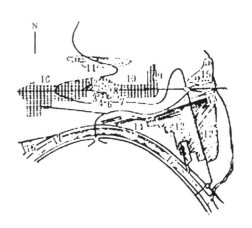

图 1-7　戛涅的"工业城市"

图 1-8　马塔的"带形城市"

建城市的改建和扩建、促进城市的近代化进行了有价值的探索，并对继之而来的维也纳、柏林、科隆等城市的规划影响较大（图1-9）。而在美洲城市，从1893年芝加哥博览会起，由本汉姆（H. Bunham）先后主持了旧金山、克里夫兰和芝加哥等城市的空间发展和治理规划，也形成了影响广泛的城市美化运动。

这些宏大的城市形体规划运动，虽然从一定区域美化了城市，但由于规划本身很少从居民的实际利益出发，因此并没有解决近代工业城市发展的实际问题。19世纪末以来，随着对城市总体形态特征及发展规律的研究和在实践中的运用，传统的城市形体规划思想发生了重大变化，即从城市的美化思想转为强调城市形体规划适应新的城市功能需要的思想。其具代表性的理论是美国建筑师佩里（C. Perry）1929年提出的邻里单位理论和斯泰因（C. Stein）1933年提出的雷德伯恩体系。佩里的邻里单位是有一定的大小规模、四周为主要交通道路、内有商业服务设施和充分绿地的居住区的"细胞"，其思想在以后的规划中被接受和发展（图1-10）。斯泰因是最早正视大量私有汽车对城市建设影响的规划师之一，他在雷德伯恩规划中，将绿地、住宅与人行道有机地配置在一起，道路布置成曲线，人车分流，建筑密度低，住宅成组配置，形成口袋状（图1-11）。

受新建筑运动的影响，出现了城市形态强调"功能合理至上"、以现代形体技术手法适应时代要求的现代城市形体结构的潮流，其中最有代表性的人物是勒·柯布西耶（L. Cirbusier）。柯氏明确地从建筑师的眼光来看待现代城市建设，1922年他发表《明日的城市》一书，1925年提出了著名的"伏埃森规划"，1933年

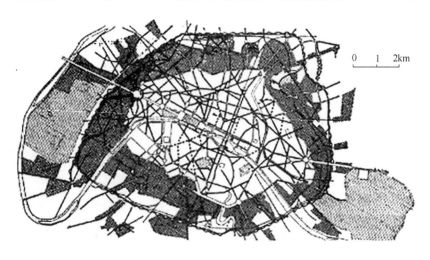

图1-9
奥斯曼的巴黎改建计划

又推出"光辉城市"。这是一个有高层建筑的"绿色城市",房屋底层"透空",城市全部地面均可由人们步行支配,屋顶上有花园。这个设想一反霍华德以来的城市分散主义思想,强调用现代技术手段来引导城市人口的集中,形成以高层为主、拥有大片绿地的现代城市空间形态(图 1-12)。

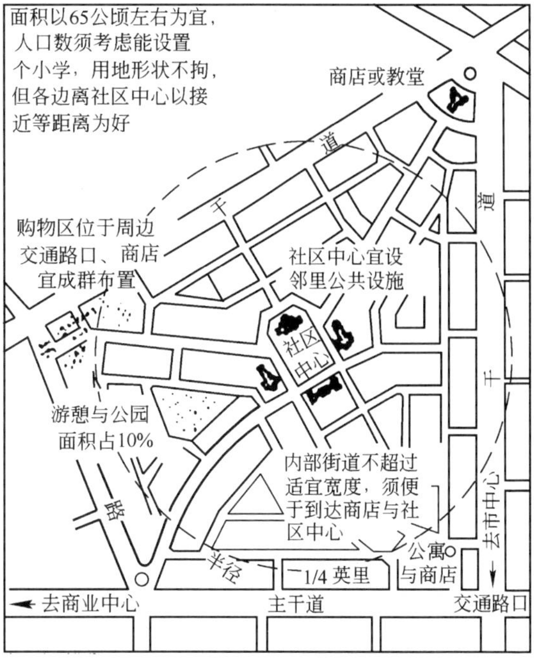

随着发达国家由工业社会向信息社会的逐步发展,高技术也导致了高情感的需要,现代建筑千篇一律、毫无人情味的弱点就显露出来,与此相应的现代城市空间形态在人类行为、情感、环境等方面的缺陷也日益明显。20 世纪 50 年代后期,随着对城市形体环境中深层次的社会文化价值、人类体验的发掘,城市形体规划进入了一个强调形体环境设计应适应人类情感的人文化、历史连续化的发展阶段。

图 1-10
佩里的"邻里单位"

在这方面,早在 1889 年卡米罗·西特(Camillo Sitte)就发表了一本具有开拓性意义的专著,即《城市建设艺术》。他系统调查分析了欧洲古代城市建设的历史遗产及其艺术价值,并首创现代建设的"视觉艺术"准则,"这种视觉意象的优势在一些保存过去遗产的作品中得到体现,同样也在以机械主义为意象的率领我们奔向未来的城市中体现出来"。西特的思想深深影响着其后的许多规划设计家,新的思想方法层出不穷。1959 年美国的凯文·林奇(K. Lynch)提出可以通过道路、边沿、标志、节点和区域五种形象要素来识别一个城市,这五种要素给城市带来了自己的形态特征(图1-13)。美国的柯林·罗厄(C. Rowe)则强调城市的拼贴性,认为城市是一个历史的博物馆,每个历史时期都留下了自己的文化积淀,这些积淀汇合而成为一幅拼贴画似的城市形态(图 1-14)。卢森堡的莱昂·克里尔(R. Krier)认为城市形态具有理性的基础,只要人们还是用两腿走路、两臂取物,人体尺度就会对建筑实体约定某种必然的量度,它不仅决定了踏步和建筑物的层高,还决定了开放空间的形态(图 1-15)。意大利的阿尔多·罗西(A. Rossi)认为城市中的建筑分为两

图 1-11 斯泰因的规划提案

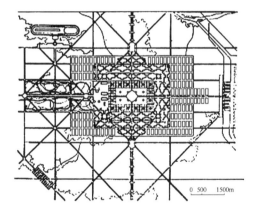

图 1-12-1 柯布西耶的"光辉城市"

图 1-12-2 柯布西耶的"光辉城市"

种,一种是量大面广的普通建筑,被人们设计、建造和使用,然后被拆除,随时间而变化;另一种是纪念物,由于它们所具有的特殊品质,能够经历时间的磨蚀而成为人们据以回忆某一城市的依据。这些思想极大地加深了人们对城市形态的认识,为城市设计开拓了思路,丰富了创作手法。

近年来在城市物质形体规划探索方面出现了多元化的格局,总体上来看,仍以提高和改善城市物质空间环境质量为目标,但是现代的城市形态设计一方面转为更加务实的态度,不再将整个城市作为自己的对象,而是缩小了范围,对城市不同地段形成了不同认识和不同的处理方法,如对城市的商务中心区、科技工业园区、步行商业区的设计,城市历史地段的保护,城市边缘区的开发,等等。另一方面,也扩展到进一步运用现代高科技手段来对未来城市形体进行构想和探索,如有的从土地资源有限的角度考虑,建设海上(底)城市、高空城市、吊城、地下城,等等;有的从不破坏自然生态的角度考虑,建设空间城市、插入式城市;有的从模拟自然生态出发,建设集中仿生城市,等等。这些构想在技术上仍处在探索之中,并带有一定的乌托邦色彩,但注重人类情感的需求,依靠高科技手段,关注生态环境的思想是未来城市物质形态发展的基本走向。

在我国,有关城市形态理论的研究,是在进入20世纪80年代以后由于中国城市化进程迅速推进而产生的,传统的地理学、社会学、考古学、历史学、经济学、建筑学先后在自己的领域从不同的角度对城市形态展开了多方面的探讨,取得了可喜的成果。城市形态理论表明,对形态的研究有双重功能：一个是认知功能，有助于显现物体的性质，表明物体的属性；另外一个就是美学功能，任何一个形态，都能引发人们的思想感情，激起人们的审美反应。相对而言，建筑界对城市形态的研究，比较侧重于城市形态的艺术性、美学等文化特性，其目的是希望有助于城市环境美的塑造。

目前建筑界对中国城市形态的研究大致可分为两方面：一是改革开放以后在大量的城市规划建设实践的推动下而形成的对城市物质形体规划理论及设计方法的研究，二是对中国城市形态历史遗产的研究。第二方面的研究可分为三个层次。第一是对中国城市建设的历史和综合性城市形态特征的研究；第二是都城和各级地方城市形态的研究；第三是多视点多角度的研究，如对中国古代城市的防灾研究、断代性或专题性的研究等。从研究情况来看，虽然近20年来出现了如上所说的对我国城市形态各层次多方面的众多研究，但由于我国城市量大面广而且历史悠久，对各地方城市的形态研究仍然明显不足。因此，在倡导城市的发展个性化、人文性的今天，对第二个层次的城市形态的研究就显得十分迫切。

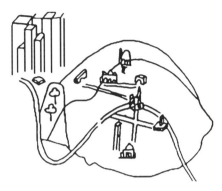

图 1-13
林奇的城市认知图

图 1-14
罗厄的拼贴城市

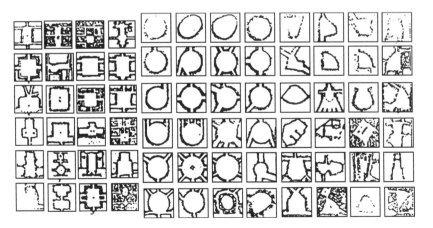

图 1-15
克里尔的欧洲城市空间典型形式

第一章 城市形态演进研究的理论与方法

第二节 研究的对象、意义和目的

本书是以广州城市形态演进为研究对象的。

广州地处岭南,历史悠久,自秦任嚣建城以来,便在漫长的历史岁月中延续下来,从时间上看,没有中断过,从空间看,也没有发生过转移。广州不仅建城历史悠久,而且城市功能也极为明确并且长期稳定。

首先,最迟从秦代开始,广州就是岭南地区的政治文化中心了,曾有"三朝(南越、南汉、南明)十帝"[3]的地方政权建都于此。秦始皇统一中国后,于公元前214年在岭南设置桂林、象郡、南海,秦末龙川令赵佗行南海尉事,统领岭南,以广州(当时称番禺)为都城,自立为王。汉武帝元鼎五年(公元前112年)派兵平定南越吕嘉叛乱,"汉承秦制",岭南被分为南海、苍梧、郁林、合浦、交趾等九郡,广州为南海郡治,以后各朝代广州的行政建制及称谓有所不同,但广州作为岭南地区的政治中心城市相沿至今。

其次,由于广州濒临南海,自古以来就是中国通向太平洋、印度洋的主要通商口岸。中国古代的海上贸易最迟到春秋战国时代便已揭开序幕。当时中国东部沿海航线已至番禺,番禺因此而成为岭南的商业贸易中心。到唐代、宋代,广州已成为远东最大的国际商港,也是世界级的贸易口岸、中国"通海夷道"的始发点。明代、清代,广州也是中国最大的对外口岸。1768年以后,广州由于是惟一允许进行海外贸易的城市,因此成为在手工业、商业、服务业、航运业、金融业等方面拥有较高水平的城市。鸦片战争前,广州人口已近百万,是中国最大最繁华的城市之一。

再次,由于地理位置与城市长期的发展特点,广州无论是在空间距离还是心理距离上都与中原相距遥远,是中央权力、中原正统文化影响较弱的地区,外来文化和商业贸易的影响使广州易于成为传统儒家文化变体异化的滋生地。这一切使广州城市文化有极强的地方特色。

以广州城市形态的演进为研究对象,有重要的理论意义。我国城市中有如广州一样长期稳定发展并且具有丰富个性特色的案例是不多见的。因此,对这一个案的研究,不仅能够纵深地探究城市各个时期的形态特征和城市的发展进程,为今天的城市设计提供直接的指导,而且对促进城市形态理论研究的深入和建设有中国特色的城市规划学说具有十分重要的意义。

以广州城市形态演进为研究对象,也具有重要的实践意义。改革开放以后,在短短20年的时间里,广州城市建设飞速发展,令人瞩目,但同时也存在着环境质量下降和城市历史风貌消失甚至建设性破坏的现象。在改革力度不断加大及社会主义市场经济的推进下,城市建设正在从改革初期的急剧膨胀向现在的注重城市形体环境质量、历史文化、艺术人性化等方面转化,即从数量的外延向内涵的扩大方面转化。因此,对广州城市形态历史演进进行研究(包括对历史渊源与形态演化规律的认识、对广州历史风貌的认识等等),对当前广州城市建设发展不仅非常重要,而且也十分迫切。

以广州城市形态的演变为研究对象,不仅有局部、特殊的意义,也有全国、普遍的意义。作为改革开放的前沿阵地,广州在1984年被中央批准为进一步开放的沿海港口城市之一;1988年国务院批准广东省为我国的综合实验区。得此有利条件,广州十几年来各方面的发展包括城市建设都领先一步,因此,对广州城市形态在当前的发展变化进行研究,也有普遍的意义。

第三节 研究状况

对广州城市历史的研究,以历史地理学界为最早,其成果最丰。中山大学地理系著名历史地理学家徐俊鸣教授从20世纪50年代以来就有多篇文章对广州城的兴起、水陆变迁、城市的手工业、海外贸易及城市人口等多方面的问题进行了研究,60年代出版了《广州史话》一书。华南师范大学历史地理系著名历史地理学家曾昭璇教授也是广州古城的研究专家。曾教授自幼生活在广州,家学深厚,17岁治地理学,1991年根据多年的研究成果和亲身体验出版了《广州历史地理》。其他的代表性成果还有祝鹏教授1984年出版的《广东省广州市佛山地区韶关地区沿革地理》、中山大学地理系胡华颖先生1993年出版的《城市·空间·发展——广州城市内部空间分析》、暨南大学历史系陈代光教授1997年出版的《广州城市发展史》等专著。考古界对古代城市研究的贡献也是不言而喻的,任何一次重大的考古发现都会使古代城市形态研究的水平全面提高。广州考古界麦英豪先生就有多篇学术论文研究了广州古城建设问题。1974年中山四路秦汉造船工场遗址的发掘、1984年象岗南越王墓的发现使秦汉时期的广州城市形态研究有了一定的实物依据，1998年发掘的南越御花园遗址使这一时期的广州城市形态的研究取得了更大的进展。

《广州城市发展史》是广州城市发展的综合性专著，内容包括社会、经济、工业、商业、城市等方方面面，属于社会史分支；《广州史话》也属于这一分支，重点讲述了城市的形成、发展的过程，但由于篇幅有限，对城市空间形态的分析不多；《广州历史地理》一书系统论述了广州附近地形的形成史、广州古今气候、水文地理及明清以前广州城的历史地理的内容；《城市·空间·发展——广州城市内部空间分析》侧重于广州现代城市空间的分析；《广东省广州市佛山地区韶关地区沿革地理》主要侧重于广州历史建制沿革的研究。这些研究都是以历史上的广州城市为研究对象的，但是其研究的目的、线索及取得的成果都各有侧重。城市形态的演进主要是以城市的物质形态特征为主要研究内容，以揭示城市空间布局和演变规律为目的的研究，建筑界在这一方面虽有所研究，如华南理工大学著名古城及古建筑专家龙庆忠教授对南越国都城遗址的研究、刘管平教授对岭南园林包括广州古代城市园林的研究等，但总的说来还是比较侧重于古代、近代广州城市物质形态要素如建筑、园林等的专项研究，这方面代表性的成果有华南理工大学马秀之副教授主持的《中国近代建筑总览——广州篇》一书，另外还有一批关于广州近现代城市形态、居住建筑、商业建筑的学术论文和硕士学位论文。总体看来，建筑界的研究基本上还处于单项的城市物质形态要素如建筑、园林等的研究水平上，对各历史时期城市物质形态特征及演变规律的研究仍有欠缺。

因此，本书将在以上研究成果的基础之上，力图完整地、系统地、深入地研究探讨广州各个时期城市形态特征，揭示其演变规律，发掘其传统特色，这一研究旨在抛砖引玉，开拓城市发展思路，提高城市发展质量。

第四节　研究内容及方法

研究内容

本选题是以广州建城起到20世纪90年代末期为时间界限的，以广州城市建城区为基本的空间范围，研究的内容在以下两个方面展开：其一，在不抛开各时期中国城市发展情况以及广州的政治经济背景的条件下，来探究城市总体的物质形态特征并总结其演变规律；其二，考察多种文化因素给城市形态带来的影响及其在文化内涵上的延续，并以此为基础旁及到广州城市传统的优秀设计手法、现代城市规划在广州的起源发展及面临的挑战等问题。本研究希望能在这些方面作出一些有益的探索。

城市形态虽然包括物质形态和文化内涵两方面的内容，但由于物质是第一性的，精神是第二性的，城市建设的主要内容和对象是城市的物质形态，因此在本体和客体层面上，本研究以城市总体物质形态和物质形态组成要素为重点，即以城市土地的开发使用过程、不同时期的空间状态及发展方向为重点，正如孙施文博士在《城市规划哲学》一书中所指出，"对城市空间结构和形态的描述，关键在于把握各类城市用地使用过程、实际的空间状态及发展方向"。

研究方法

本选题采用的研究方法有历史逻辑学方法、区域文化学方法、概括抽象方法、由宏观到微观方法、社会调查方法、比较方法等。

历史与逻辑统一的方法：本研究的中心方法之一。本研究以历史唯物主义的思想贯彻始终。历史的研究最重要的是文献资料的收集整理，本研究的文献资料包括以下几个方面：一是史志类文献中关于广州城市历史的记载；二是近现代与城市规划建设相关的市政报告、年鉴、出版物、回忆录、新闻报道、城市规划文件、城市地图、照片等；三是现代国内外学者对广州城市形态各方面的研究成果，包括学术论文和出版的专著等。通过对这些史料的逻辑分析和推理来把握广州城市的形态特征和城市的形成发展过程。

区域文化学方法：是本研究的中心方法之一。城市的规划建设都是人们在地球上的聚居活动，而人的活动离不开上层建筑，它是人类生活中政治制度、文化传统、民风民俗在一定地域范围的综合载体和具体的时空表现，所以相同文化区域的城市形态总是表现出相类似的特性。广州作为商业经济发达的大都市，其形态变化很快，特别是改革开放以后，许多历史特征在今天已经看不见了，而在相同的文化圈中（主要是西江文化圈中）的许多古城镇却仍然保存下来，因此对这些地区的城市形态研究有助于把握广州古代和近代的形态特征。

概括抽象的方法：是本研究的中心方法之一。所谓概括抽象，是指对事物的内在机制及外部关系进行提炼和直观的抽象和概括。城市形态的研究是一个多侧面多层次的、内容非常丰富的综合性研究,本研究不侧重于城市个别要素的历史考证,而是侧重于对城市各要素及其相互关系在总体形态上的把握,以此来探讨广州城市形态发展演变的基本特征和规律。

由微观到宏观的方法:这是一种从小到大、由点块到线面的方法,海外称为单元研究或个案研究。本研究通过对广州城市形态特征以及源流变化和影响的研究,来透视中国古代地方城市和外贸港口城市的一些基本的形态特征以及近现代的演变特点和今后的发展走向。

社会调查方法:实地调查,一方面可以补充文献资料的不足,另一方面可以对照实际的发展,给研究者提供切身的体验。

比较方法:通过与其他城市的对比研究,来把握其特征。

其他还有统计方法、空间方法,等等。

工作流程

本研究的工作流程见框图(图 1-16):

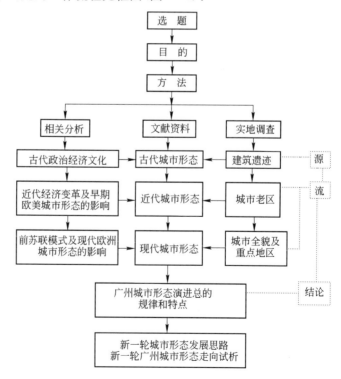

图 1-16
本研究的工作流程图

本章注释

[1] [2]　中国大百科全书编辑委员会. 中国大百科全书——建筑·园林·城市规划. 北京：中国大百科全书出版社，1988.43～44
[3]　也有广州是七朝地方政权所在地的说法。

第二章 广州古代城市空间结构形态演进

对一个客体进化过程的研究，首先离不开整理、归纳、分析既成的事实。广州古代城市发展时间漫长并且相对稳定，如何对其沿革分类，是历史研究首先面临的问题。其实，这一问题并不是只有历史性城市才有，因为多数城市都是历史的产物，其发展总是以原有形态为基础，并在一个相当长的时间跨度内逐渐形成的。一般来说，同时代的城市有较多类似的特征。以历史起源为依据，以演化变迁为标准的分类，可按其时段归属找到时间坐标，有助于人们对城市形态的认识，但是也没有公认一致的断代法。如西方规划理论界加列尔和埃斯纳在《城市的形态》一书中按时间顺序将城市形态划分为五个历史时期：城市化的黎明、古典城市、中世纪城市、新古典城市、工业城市；挪威诺·舒尔茨则运用现象学、建筑学、形态学等观点，将人类的生存场所——聚落形态划分为十一个时期：古埃及、古希腊、古罗马、早期基督教、罗马风、哥特、文艺复兴、手法主义、巴洛克、启蒙运动、功能主义和多元论；另一位杰出的城市规划理论家、城市社会学家刘易斯·芒福德则从"有机生长论"的视角提出了城市形态发展的六个时期：生态城市、城市、大城市、特大城市、"暴君城"、"内克罗城"（即一个死亡的城市）。我国胡俊先生对中国古代城市的发展作了四个分期：城市要素初步出现、城市总体结构松散的雏形时期（商以前）；以城郭制、高台式王城制和市坊性郭城为主要特征的古典城市发展时期（西周战国）；以套城制、礼制主体结构、严整里坊为特征的中期（秦汉至隋唐时期）；以城厢制、礼制主体结构、统一街巷体系为特征的后期（宋代以后）。

本书对广州古代城市空间结构形态的发展分期，引入了"原型"理论的观点。"原型"又译作"原始模型"，从表象上来看，呈现在我们面前的城市形态是林林总总、千变万化的，逐一剖析认识显然十分不易，然而当代结构主义人类学研究成果告诉我们，如果能透过繁复庞杂、纷陈错综的种种表象，楔入客体的深层结构历时性维度上的原型，会大大有助于我们从本质上去认识并阐释客体。一位心理学家曾说，"与集体无意识的思想不可分割的原型指的是心理中明确的形式的存在，它们总是到处寻求表现"。通过对广州古代城市空间结构形态深层文化原型的考察，广州古代城市空间结构形态可以划分为四个阶段：西城东郭，体现宗族礼制的南越国都城的城市空间结构形态；坐北朝南，体现皇权礼制的隋唐时期的城市空间结构形态；三城并立，以统一水道、商业街市体系为特征的宋代城市空间结构形态；体现整体环境观的"六脉皆通海，青山半入城"和体现"白云越秀翠城邑，三塔三关锁珠江"的环境意象的明清城市空间结构形态。

第一节 西城东郭，体现宗族礼制的南越国都城的城市空间结构形态

从历史上看，黄河流域的城市发展要早一些。经历了奴隶制的夏、商、周三代，国家、城市已经出现，特别是经过春秋战国时期的发展，城市已达相当的水平。随着封建土地所有制的确立和手工业、商业的发展，城市规模扩大，商业繁荣，城市文化空前活跃，反映在城市形态方面主要有城墙的普遍修筑，并且在"城"与"郭"的组合关系上有了某种特定形制，出现了较大规模的宫殿建筑群和高台建筑。从中国城市的发展史上来看，春秋战国时期是一次大发展时期。

在岭南地区，这一时期处于"火耕水耨"的原始社会末期。秦统一六国后，建立了中国历史上第一个中央集权的国家，岭南地区首次纳入中央行政版图，设南海郡，郡治番禺。广州由一个原始的居民点逐渐演化，城市正式出现了。

秦历十五年而亡，刘邦经多年的战争之后建立了汉朝。由于长期的战乱，中原经济受到很大的破坏，人口锐减，直到汉景帝时才逐渐恢复起来。但是从整体上来看汉代处于封建社会的上升期，社会生产力的发展使城市建设水平显著提高，西汉时期都城长安建造了大规模的宫殿、坛庙、陵墓、苑囿，当时长安城的面积约为4世纪罗马城的二倍半。到汉武帝时，北方陆上开辟了"丝绸之路"，商业得到很大发展，出现了许多商业都会，古广州（番禺）作为南越国的国都，在短时间内也得到了迅猛发展，从一个原始的南越人的聚居点发展成为可与北方著名城市相提并论的商业都会之一。

秦始皇统一中原后，于公元前219年派秦尉屠睢率50万大军兵分五路进军岭南，其中一路下湟溪，顺北江而下占据番禺，后秦尉

任嚣代替被杀的屠睢任主帅，率领赵佗等将士再次南攻，到秦始皇三十三年（公元前214年）终于统一岭南。秦统一岭南后，在岭南设南海郡，广州（番禺）为南海郡治，任嚣为首任郡尉。任嚣任南海郡尉后，选中了白云山和珠江之间背山面海南越人的聚居之地作为南海郡治，并在这里建城郭——番禺城，后人称为"任嚣城"。这一城建选址很有战略意义，为后来南越国的建立打下了基础。

秦朝在岭南的统治是极为短暂和不稳定的，秦始皇在岭南平定后的第四年即公元前210年就去世了，次年中原爆发了农民起义，随后就出现了诸侯割据和楚汉相争的局面。在中原动乱、狼烟四起之时，偏居岭南的任嚣、赵佗决定自立于岭南，于是在公元前204年，赵佗出兵占领桂林、象郡之后，建立南越国，定都番禺，自称为南越武王（公元前204～前137年）[1]。赵佗立南越国后，原作为南海郡治的小城——任嚣城显然不能适应一国都城的需要，于是赵佗把它扩大为周围十里，后代俗称"赵佗城"或"越城"。

秦汉以前关于广州城的历史发展文献极为贫乏，后世对先秦时期广州的发展沿革历来众说纷纭，早期的名字除任嚣城、赵佗城、越城外还有楚庭、南武城、番禺城，等等，散见于历代地方文献中。因此广州城的始建年代、建制沿革一直是今天的历史学家、考古学家争论的问题。

曾昭璇先生认为楚庭、南武城是秦代任嚣城、赵佗城的前身，因为明代郭棐的《广东通志》卷三称"粤服楚，有楚廷，即今郡城"，而黄佐的《广东通志》亦称"楚廷郡在番禺"。康熙《南海县志》卷二称"按旧图经城自周赧王初，越人公师隅始筑，号曰南武"，卷三中记录"……任嚣卒。赵佗代为尉，增筑南武城，自立为南越武王"。[2]考古界麦英豪先生认为所谓"楚廷"、"公师隅修南武城"都是虚构、附会的产物，因为没有任何考古材料可以看出这两座城市存在的迹象[3]。

番禺建城的史实始见于《淮南子》、《史记》、《汉书》等早期文献中。《史记·南越列传》中记载："番禺负山险，阻南海……"除早期文献中有番禺城的记载外，考古材料也提供了番禺城存在的史实。1953年，广州西村石头岗一号秦墓出土了一件漆盒，盖上有"番禺"二字的烙印。番禺城的得名是从南海郡治番禺县而来的。为什么叫"番禺"呢？有的学者认为城里有番山和禺山，因山而得名；有的学者认为源自"番山之隅（禺）"，故名番禺；有的认为原意应为"岭外蕃（番）邦蛮夷之地"；有的认为"番"即古越语的"村"，"禺"即古越语的"盐"，"番禺"即"盐村"的意思，为南越人聚居地的名字。总而言之，番禺城就是指古代的广州城，如果从任嚣筑番禺城算起，即秦始皇三十三年(公元前214年)起,到现在已有2200多年的历史了。

不论怎么样,本书主要是以城市的物质形态为研究对象的,从史料和目前出土的文物来看,赵佗所筑的番禺城(南越国都城)是广州城建历史上第一次大规模有规划的建设。南越国共传五帝93年,到汉武帝元鼎六年(公元前111年)灭亡而归汉。其间南越国一切重大的事件悉依汉制治理国家,连汉高祖刘邦也不得不承认:"南海尉佗居南方长治之,甚有文理,中县人以故不耗减,越人相攻击之俗益止"。[4]由于赵佗推广中原先进的生产技术,坚奉"和集百越"的民族政策,发展海上交通,扩大商业贸易,因此在不到一个世纪的时间里,番禺的社会经济、文化面貌产生了根本性的变化,与中原地区的差距已大大缩小。番禺城从一个处于原始社会末期的南越人的聚居地发展成为全国最大的商业都会之一。

选番禺为国都,与番禺北靠白云山、南面珠江的大的地理环境密切相关。据史书记载,任嚣在南越国建立前病重之际对赵佗说,"……番禺负山险,阻南海,东西数千里,颇有中国人相辅,此亦一州之主也,可以立国"[5]。但番禺城及其周围的地形地貌如何呢?历史地理学家曾昭璇先生曾对其进行了考证。番禺城所在地为台地,"台地形成在第四纪初年(约70万年前)……呈和缓起伏的山岗,整片台地向南倾斜,其间有小河、干谷切开"[6]。据曾昭璇先生考证,20米台地残留的丘陵在广州城里形成明显的高地有三处:第一处是由城隍庙到新华戏院一带,包括了禺山及市中山图书馆,即古代番山和禺山的范围;第二处是惠福路坡山,这块面积不大的岗地,因高起平地之上,有明显的山坡而被称为"山";第三块是越秀北路明代老城城基依据的岗地。这几块岗地都是红砂岩组成。城内番山历来地点无大变化,争议也不大,都指今中山图书馆旧馆北的"九思亭"处小丘。禺山地点争论较多,如徐俊鸣先生认为禺山在番山北面,后经曾昭璇先生考证禺山当在越秀书院街到西湖路间,西到小马站一带[7],因为在这一带发现了大象胫骨和露出地面的红砂岩,而在北面中山四路越王宫遗址处(亦为宋代"禺山书院"所在),却发现文化层下为黑色淤泥沙土,并有水生贝壳,为河滩地,所以禺山位置不在番山北面,而在其东面,其位置基本上与番山东西方向一致。甘溪是广州古代水源之一,由白云山从东北经今登峰走廊一带流入广州城,《南越志》说:"昔交州甘溪入城以后分作两支,一支为文溪,另一支为越溪,由西南入珠江。"据曾先生考证:"……由小北门(今小北花圈)至大塘街是一连串低地,小北路和仓边路中间在解放前还有露天大水渠存在,即为古文溪遗址,吉祥路华宁里连入潮观街(即潮水可贯入之意),这条低地干谷又是南汉凿西湖的依据。"[8]对番山和古文溪的关系,曾先生认为,文溪正好冲刷番山的东侧,即番山在文溪的西侧,文溪从番山脚下流过。

台地地势比丘陵和白云山平坦,地基稳固,古城的东面是一片缓和的丘陵,是20米台地蚀余地形;古城西面今西山庙一带在古代也是20米台地蚀余岗地。在象岗、蛇栏岗下面有兰湖,即流花湖一带。兰湖有小河涌通出珠江(涌口也称为澳口),为广州主要水道口。兰湖水向西注入珠江的河涌叫司马涌。司马涌在古代是一条良好的水道,水深广阔。古代西北两江到广州的航线均经官窑和石门而来,在此登陆,《广州记》称"南越王佗即江浒构此以迎陆贾"。兰湖是古代广州的重要码头。至此,我们基本上清楚了番禺城的地形地貌情况。

南越国都城的位置,一种说法是在今仓边路(即甘溪下游文溪古道)的西面,一种说法是在仓边路的东面。徐俊鸣先生认为,南越国都城应包括甘溪下游东西两侧,亦即包括宋代广州的中城和东城在内。因为宋代中城周长五里,东城四里,二者合共九里,秦汉时的尺度比唐宋时略短,故秦汉时的十里和唐宋时的九里基本上是一致的。[9]据历史地理学家和考古学家的研究,南越国都城的城址范围如图2-1所示。

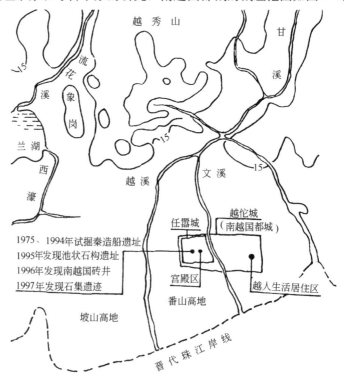

图2-1
南越国都城城址示意图

从汉初葬墓分布范围和考古发掘来看，南越国都城的宫殿区在北面，东面和南面为越人生活居住区。也就是说南越国都城的布局，可能并不是目前学术界普遍认为的是以南越王宫为中心的，而是宫殿区在西面，南越人生活居住区（相当于郭城区）居东南，体现了早期以西为尊的思想。

秦军以武力征服南越人，在建立自己的政治军事据点时，势必选择一个较有利于军事防御之地建城，而番山高地，即文溪以西，地势高朗，既有利于取得淡水，又可借地理位置较高筑起牢固的城池防御敌人的侵袭和免受水淹。这里应是任嚣、赵佗筑城的主要地方。从目前的考古发掘来看，1975年在这里发掘的秦造船遗址中，发现造船台上面覆压着南越国建筑遗址，揭出了一段长20米的宫殿走道[10]，有几何印纹大花阶砖和万岁瓦当，还有被火烧的遗迹，这与《史记·南越列传》记载南越国在汉武帝平南越时楼船将军杨仆放火烧城相吻合。1995年起在距离秦船台遗址东北40米处又陆续发掘出南越御花园遗址，包括面积约4000平方米的池状石构遗迹、长约180米的石渠遗址以及南越国陶圈井、木方井等遗迹[11]，因此可以断定这里就是南越国都城的宫城区，即宫城在城市的西边。

宫城的修建想必是十分奢华的，虽然我们对其建筑情况还不能清楚地了解，但从1996年至1998年先后发掘的南越国宫署遗址情况和南越王墓及其出土的大量精美的文物中我们可以想像其宫殿建筑一定十分壮观。

1997年考古发掘的南越国宫署的御花园中有大型水渠，渠中有三处石板砌成的"斜口"以造成水落差，一处以两块弧形大石板筑成阻水的"渠陂"，使流水通过时与渠底铺设的灰黑色鹅卵石映衬形成碧波粼粼的人工水景[12]。这表明南越国的宫殿建筑是很讲究的。当地面的古代建筑日渐湮没无闻的时候，墓室的形制和砌筑技术可以反映出当时地面建筑的一些发展情况。据考古及历史学家研究，南越王墓[13]墓主为第二代南越王赵眜，据《番禺县志》卷二十四引《南越志》记载，三国时孙权"闻佗墓多以异宝为殉，乃发卒数千人寻掘……竟不可得"。原因就是南越王墓建得十分隐秘，象岗南越王墓采取了凿山为陵的形式，与汉文帝灞陵依山凿陵相同，墓室构筑在象岗（海拔49.71米的花岗岩小山）腹心深处，墓底距离原岗顶约20米，墓室分前后两部分，共7室（图2-2）。布局有明确的中轴线，左右均衡、主次分明，全部用红砂岩大石板砌成，有过道相通，墓室南北长10.85米，东西宽12.5米，各室以厚石壁分隔，前室和主室各有石门封闭，墓底铺木板，整个墓顶用 24 块大石板覆盖，前室及石门均绘有图案壁画。其工程之艰巨、复杂可以想像。

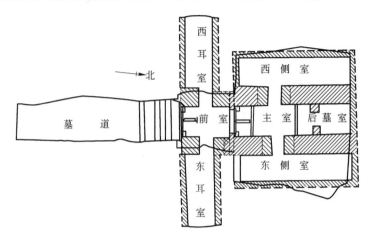

图 2-2
南越王墓平面图

宫城区的位置肯定后，余下的地方就是古代南越人集中居住之地，即甘溪两岸下游东西两侧，也即城郭区在城市的东南边。从前面我们分析的地形来看，在仓边路之东南，有长塘街、大塘街、雅荷塘等街名，反映出其地势低洼多水。但是由于越人主要以渔猎为生，善于驾舟，以舟为交通工具，居住的是干栏式的建筑，所以这块河塘纵横之地正是越人的好居处。

作者认为城市西城东郭的布局不仅适应了早期城市军事政治堡垒的功能需要和南越族居民的实际生活需要，也受到了中原都城的布局影响，南越国都城的建设也体现了"以西为尊"的宗法礼制思想。

南越国的开国皇帝赵佗本来是中原河北真定人，受中原宗族文化的影响很大。吕后时期对南越国采取"别异蛮夷"的政策，曾用掘赵佗老家父母的坟墓、削诛赵氏兄弟宗族的办法来惩罚赵佗，致使赵佗不得不表面上对汉称臣，由此可见赵佗受中原宗族文化的影响非同一般。赵佗建国后，南越国的政治制度继承了中原秦制，并且"宫室百官之制同京师"[14]，从历史文献及出土文物来看，南越国设立郡县、置监守、封侯王，朝中设丞相、内史、太傅、校尉等官职，基本上与秦汉中央朝廷一致。都城形态布局也同中原京城的布局类似，即采用西城东郭的形态布局，反映了以西为尊的思想。

赵佗修建的番禺城在公元前 196 年被烧毁后，汉代后期的番禺在什么地方，历来有多种说法。《汉书》中说"筑番禺于郡南五十里",因此明代黄佐认为汉番禺在现今的龙湾、古坝之间。曾昭璇教授考证汉番禺不可能在此之间,并认为咸宁县的废弃旧址即为汉番禺所在地[15]。考古学家麦英豪先生认为汉平南越后,番禺(指赵佗建的城)应仍为南海郡治所在,并无它迁[16]。本书在这个问题上将不作研究。从广州近郊由西汉前期到东汉末年的汉墓分布及年代衔接都没有间断或突然衰落这一现象来看,番禺一直在发展,《汉书·地理志》称"多犀、象、玳瑁、珠、玑、银、铜、果、布之凑"。从这段话可以看出番禺在这时比《史记》记载的时代还要繁荣,因货物中多了银、铜两种重要金属。《地理志》还说:"中国往商贾者多取富焉。番禺其一都会也。"可见汉平南越后,广州城在汉代仍然是一个商业发达的城市。

然而不管怎么样,自南越国都城受到战火的破坏后,在三百多年的时间里(至217年)广州古城再也没有大规模的城池建设,也没有大体量或者是重要的标志性建筑出现,城市的发展处于漫长的自然演变当中,表现在固定的范围内物质要素的新旧更替从较低水平走向较高水平,尤其在建筑的发展方面比较突出。

虽然这时的广州没有了雄伟壮丽的宫殿,没有了高台社坛,但广州这一时期的发展却显现了非常强的市民性。比如城市中最量大面广的住宅不仅形式多样,而且造型非常生动。这一点我们从汉墓中大量出土的陶屋可以看出来。虽然汉代甚至唐代以前的城市建筑资料不多,但从某些考古资料和民族学资料中,可以发现岭南早期的建筑已经具有了自己的特色,干栏构架、架空楼居、通风屋顶、大进深平面等,这与北方同时期的建筑是不同的。关于干栏式建筑古籍多有记载。晋张华《博物志》说:"南越巢居……避寒暑也。"《南越志》也说南越"栅居"。"巢居"、"栅居"皆指干栏式建筑。《魏书·僚传》谓:"僚者盖南蛮之别种……散居山谷……依树积木以居其上名曰干阑。"干栏式建筑形制大致和近代广东连南瑶族居住的干栏建筑相似。

秦汉时的建筑至今并没有真正的发现,但墓葬出土的陶屋却为我们了解当时的建筑状况提供了依据。西汉中期以后的墓葬开始盛行用屋、仓、灶等模型的明器随葬,从现在出土的的陶屋上看,平面形式大致上有方形、L形、凹形等,从立面形式上看有干阑、楼阁等不同的形式,房屋的主要部分由台基、屋身、屋顶三部分组成。汉代的广州陶屋反映了广州已经完全具有了各种建筑构件,如台基、阶梯、门窗、梁架、斗栱、立柱、单檐、重檐、悬山顶、四阿顶、屋脊、脊吻

干栏式住宅

日字形平面住宅

曲尺形住宅

三合式住宅

图 2-3
广州汉代陶屋图

等(图 2-3)，与中原地区的建筑基本上是一致的。从土著的干栏建筑发展到汉式楼阁，其速度是惊人的，广东陶屋是整个汉代中国建筑代表性的作品。汉平南越后，中央皇权开始加强对岭南的统治，由于不断地与中原进行经济文化的交往以及历代以来南迁汉人对岭南的开发，岭南土著在接受中原较高文化的影响中，很快就被"汉化"了。

第二节 坐北朝南，体现皇权礼制的隋、唐、南汉时期城市空间结构形态

三国到南北朝时期是中国历史上一次政权大分裂、民族大融合时期。东汉末年，天下大乱，军阀割据，经过长时间的混战，最终形成魏、蜀、吴三国鼎立的局面。从三国到南北朝差不多有四百多年的分裂局面，由于战争频繁，人们失去土地，人口大量减少，交通阻塞，商旅不通，北方许多城市受到破坏，包括东都洛阳、首都长安这两座当时世界上最伟大的城市也在战火中毁灭。

相比之下，南方地区自孙权建立东吴以后，在大多数时间里保持着偏安局面，战争较少，社会略为稳定。在东汉末年和西晋末年，大批中原汉人成宗族成批量的南迁至江淮流域、长江流域、闽粤一带，使这一带原来较为落后的地区经济得到发展，国土被开发，再加上这些地区的自然条件较北方优越，所以南方的经济文化和城市的发展水平逐渐赶上了北方。南方地区出现了众多的商业都会，如京口(镇江)、山阴(绍兴)、寿春(扬州)、襄阳、荆州(江陵)、鄂州(武昌)等，昔日的都会广州(六南时称南海)虽然惨遭战火洗礼，城市规模变小，但商业仍旧繁荣，"广州，镇南海，滨际海隅，委输交部，虽民户不多，而俚僚猥杂……卷握之资，富兼十世"[17]，以致交州刺史步骘在东汉末年将州治从苍梧郡广信(今梧州)搬来。从三国到隋朝虽然政权分属不同，但广州城都是番禺县南海郡治所。吴黄武五年(226 年)，孙权分合浦以北为广州，广州之名从此而起，到今天已有 1780 年左右的历史了。

隋唐时期是我国封建社会发展中的一个高潮，隋初经济一度发展，大运河沟通了黄河流域与长江流域，为经济繁荣创造了条件，在这样的情况下，隋初建造了规模宏大的大兴

城(长安城)及东都洛阳。隋历二世而亡,被唐取代,唐太宗李世民接受隋灭亡的教训,采取了一系列加强政治军事力量的措施及恢复发展经济的政策,这些政策对农业生产的恢复和发展起了积极作用。经济的发展,人口的增加为城市的发展奠定了基础。一方面,与前朝相比,唐代南方地区城市的发展达到了一个新的水平。东汉时期南方地区的州郡县城的数量不及北方地区的二分之一,经五百多年的发展,唐代时人口数量和州郡数量均超过北方地区[18],盛唐时期整个南方地区的人口占全国比例的41.4%,较东汉时期上升21%,人口重心开始南移[19]。《交广记》说:"江、扬二州经石冰、陈敏之乱,民多流入广州。"[20]《晋书·庾翼传》说"东土多赋役,百姓乃从海道入广州"。另一方面,出现了政治中心与经济中心分离的现象。南北朝后,中国的经济中心已转移到江淮地区,隋唐时军事政治中心在关中地区,这样就在连接两个中心的沿江沿河一带出现了著名的商业都会,如沿着大运河出现了"淮(安)、扬(州)、苏(州)、杭(州)"等四大都市。但是当时全国最大的商业城市有三个,一个为南方河海港广州,一为长江与运河交汇处的扬州,一为运河与黄河交汇处的汴州。[21]这些城市的繁华程度比之京都有过之而无不及。例如长安当时实行限时开市的闭市制度,而扬州已有夜市,王建《夜看扬州市》云:"夜市千灯照碧云,高楼红袖客纷纷。"广州在盛唐时成为全国三大商业城市之一主要是因为对外贸易的发展。盛唐时期,海上"丝绸之路"发达起来,西亚各国特别是阿拉伯商人大量来中国经商,很多定居广州,形成了广州经济的繁荣。由于缺乏强有力的外来因素,广州城市城墙规模没有突破步骘建城以来的规模,但是在城墙外却有大片的商业居住用地。这一时期的江岸线,大致在番山禺山以下唐代清海楼沿线,西南边在坡山以下。曾昭璇先生说过:"晋代广州城南界为清海楼,西南江岸即在坡山,由于坡山脚下今天仍有'仙人脚印'的壶穴地形保存,可证明是当日的河边地。"[22]

公元755年,"安史之乱"爆发,唐代已由盛转衰。由于军阀割据,唐王朝四分五裂,907年,朱温灭唐,建立后梁,此后中国境内有十多个割据政府,在岭南则建立了南汉政权。979年,宋太宗灭北汉,建立宋朝,才统一了中国。唐中期的战乱,使中国的城市受到了第二次大的破坏,特别是黄河流域。唐东都洛阳及首都长安再一次受到破坏,长江流域的商业都会如扬州、成都、岳州等城市也受到严重的破坏。而唐代岭南的政局基本稳定,经济发达,城市人口增长,唐开元年间,广州户口只有4250户,至元和年间增至74099

户[23]，到南汉增到 170263 户。

唐朝的建制一是在边远要地设府，广州设总管府，后改为都督府。二是在州上设道，形成道、州、县三级行政区划建制，贞观元年(627年)分天下为十道，岭南为其中之一。永徽以后，在边远要地设节度使，以都督充任。开元二十二年(734年)分天下为十五道，各置采访处置使，道成为地方一级的行政机构，岭南采访使治广州。天宝初，又于边疆置十节度使，岭南为五府经略使，仍由广州都督兼任。咸通三年(862年)，改岭南节度使为岭南东道节度使，仍治广州。天祐以后，清海军节度使刘隐称雄岭南，为其弟刘䶮建立南汉政权打下了基础。三是改郡为州，天宝年间曾一度改州为郡，乾元元年(758年)，改郡为州，南海郡复称广州，此后不再更变。唐代灭亡后，909年，清海军节度使刘隐进封南海王，两年后刘隐卒，917年，原来代清海军节度史刘䶮建大越国，翌年，改国号为汉，史称南汉。南汉从刘隐算起，到971年为宋所灭，传4帝55年，立国时间之长列五代十国第二位，仅次于吴越。广州再一次成为都城，称兴王府。广州长期以来的商业繁荣和国都的建设使从步骘以来的城市空间形态有了突破性的改变。

唐代广州城即步骘城是宋代子城的基础。步骘城建城三年，东汉灭，从城市建设的规模看，"广州城自晋至唐未见扩展，但城市日益繁荣兴盛，人口众多"[24]，城墙的建设范围可能并没有发展，但是城市的实际建设范围早已突破了城墙的限制。

唐代广州城的西面边界即宋代子城西面边界为药洲西湖，华宁里口清代还有"古药洲"石刻，西湖今天仍有九曜池保存。作为南方戏院北侧的休息地点，1972年在今天的广仁路曾发现子城墙一段，南北走向，城墙壁中多有宋前砖瓦，显然是宋代城墙[25]，基宽大约6.6米，因宋子城是沿唐城加砖砌的，据此推测此界应为唐城西界。

唐城的北界可能在东风路一线，1984年在东风路省政府东邻的广东省环境保护观测站建筑工地(秦汉造船遗址北侧400米)，在东西宽约80米、南北宽约25米、距地表深5.3米、面积约2000平方米的地基下发现成片的灰黑色粗砂层，贴近砂层的下半部分只有少量贝壳，上半部分含大量贝壳及汉瓦、唐宋陶瓷片。这层黏土淤积层之下为河滩，淤积层的形成应在唐宋时期，所以这一线可能为唐城的北界。另外，据《舆地纪胜》卷八十九称："斗南楼在府治后城上。"可见北城上有宋代斗南楼。

东面则以文溪为界，有旧仓巷等地名，文溪桥即为宋桥，清水濠亦为宋濠,南汉亦称"东濠",郭棐《通志》卷十五"广州城池"称:"清水濠在行春门,穴城而达诸海,古东濠也。"

据此我们可以看到唐城的大致范围,如图2-4。

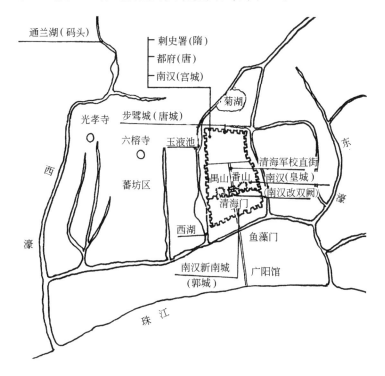

图2-4
唐代城郭示意图

唐代广州城北为官衙区,北面无城门,只有东西南三个城门[26]。南门为清海门,《五代史·南汉世家》称:"吾入南门,清海军额犹在,四方其不取笑乎……"《舆地纪胜》卷八十九称:"清海楼在子城上,下瞰番、禺二山。"清海楼即清代拱北楼,在现今青年文化宫前,其"子城"即为唐城(此处"子城"是宋以后对这部分城区的称谓),在楼上能俯瞰番山和禺山。

现今财政厅的位置隋为广州刺史署,唐时为"都府"、旧节度使署,南汉为宫殿区。

从图2-4中我们看到,唐代的城墙范围很小。唐代广州虽然是世界著名的商港,但城墙仅仅保护官衙,范围不大。但城市的发展早已突破城墙的限制,城墙以外也是大片城市用地,清海门到珠江边、城西"蕃坊"一带都是繁华的商业区。城市总体上呈现出城内官署区与城外商业区并立的形态。

商业区最为有名的建筑为广阳馆,广阳馆坐落在江边。《全唐书》卷五七五引《进岭南王馆使院图表》描述了其旧馆及其附近的繁荣景象："近得海阳旧馆，前临广江，大槛飞轩，高明式叙，崇其栋宇……臣奉宣皇化，临而存之，除供进备物之外，并任蕃商列肆而市。交通夷夏，富庶于人，一无所阙，车徒相望，城府洞开，于是人人自为家给户足。"

随着对外贸易的蓬勃开展，外国商民鱼贯而来，定居者越来越多，广州人口结构具有了明显的国际化特点。为加强管理，当局参照里坊制度，在城市西部划定外侨居住区，也叫"蕃坊"。广州的蕃坊至迟在开元二十九年（741 年）已经设立，范围大体上包括今广州市中山路以南、人民路以东、大德路以北、解放路以西、以光塔街一带为中心的地区。

同时我们也看到唐代广州已基本上形成了坐北朝南的布局形态，城市最北面（即现今财政厅的位置）是官署区，清海军楼直街把官衙区与南城门清海门直接相连。向南出了清海门，城外商业街主干道直达江边，所以从刺史署直临江边，初步形成了一条南北向轴线，这为南汉都城兴王府的建设打下了基础。

南汉兴王府仿唐代长安建造，划分城市区域，明确区域分工，兴筑大批宫殿，城市建设具有都城建设特点，在广州城建史上有重要的地位。

按照唐制，城市布局分为内城与郭城。内城包括宫城与皇城两大部分，为南汉的政治中枢。宫城位于今中山四路以北，省财政厅、儿童公园一带高地，坐北朝南，居高临下，是皇帝、皇族居住之所在和皇帝处理朝政、举行会议的地方，这里建有昭阳殿、乾和殿、文德殿、万政殿等。这些殿堂豪华壮观，规模宏大，掌管宫廷内务的内侍省也设在宫城。宫城之南为皇城，大体上以今中山路以南、西湖路以北的北京路为中轴线，中央最高的行政机构与事务机关大多设在这里。

为适应礼制之需，南汉王刘䶮把南城门清海楼改为双阙，《广州府志》（乾隆）称："在布政司南，即唐清海楼也，其地本番禺二山之交，刘䶮削平之，叠石建双阙其上。"阙是一种礼制性建筑，用于宫门或城门前，两个双置，"中央阙然为道"。刘䶮效仿中原设双阙，用来标示宫殿建筑群的隆重性质和至高无尚的等级，强化威仪，渲染宫殿区的壮观气势。

西部市区，以今华宁里以西、光复南路杨仁里以北、文昌南路宝华直街以东地区为主体。这一带居民密集，商业旺盛。蕃坊一带外商云集，宝货充盈，最为繁剧，区内有水域相通，风景优美。刘氏把风景优美的地方辟建为宫苑，著名的有南宫、昌华苑、玉液池、芳华苑、华林园等。除了宫苑之外，城西的富豪亦多占田营宅，修建了不少私家园林，著名的有苏氏园等。

东城是秦汉时期所建的任嚣城，据《南海百咏》说："……后呼东城，今为盐仓，即番禺旧县也。"北部郊区南汉时为宫城屏障，主要是官僚、贵族的居住区。

皇城之南为郭城，唐代称"新南城"。"新南城"大体上指今西湖路以南、文明路—大南路以北、以北京路为中轴线的地区。坊市布列清海楼直街的左右两侧，称"左街"和"右街"，这一带也是人烟稠密的商业居住区。在行政管理上，大街以东（右街）属咸宁县管辖，以西（左街）属常康县管辖。鱼藻门为郭城的一个南门，濒临珠江，在今大南路、文明路一带。

城市经济发展到唐后期，广州城区面积已大大扩展，今越华路以南、仓边路以西、华宁路以东大南路—文明路以北是主要的城区，与此同时，主要城区周围兴起了大片的居民区和商业区，对城区形成包围之势。特别是西部市区，是广州最繁华的商业居住区，大片城区都没有城墙保护。唐天祐三年（906年），刘龑在南城扩建城池，以保护城南主要是广人的商业居住区，这次扩建的新城部分就是上面所说的"新南城"。

南汉国的皇帝刘氏家族也来自中原（河南上蔡），发迹于潮州，建立南汉国后"定吉凶礼法，立学校，开贡举，设铨选，一依唐制，百度粗有条理"[27]。从三国步骘重修广州城历经三国、两晋、南朝、隋唐共七百年的时间，广州城市形态都没有突破性的变化，直到南汉建国后，如上所述南汉以广州为首都仿长安进行了建设，广州城市形态才有了突破性的变化，奠定了唐朝以后一直到明清时期广州古城的格局。与此同时，南汉还兴建了水利园林工程和大批苑囿宫殿。

南汉水利园林工程主要有兰湖和菊湖的疏浚和建设工程。在城市的西北面的兰湖一直是广州古代城市西边的港口，到唐代可能逐渐有淤积现象，所以南汉对水道和湖面进行了疏浚，使其水面更宽阔，不仅方便了船只驶入和停泊，也使此地成为了风景优美之地。在城市的北面，越秀山脚下有菊湖，即今大石街一带低地，南汉时这里是一个大湖，菊湖的水是甘溪流下来的，在吴时已被利用来蓄水，以供应城市居民冬秋食水，"州治临海，海流秋咸，胤又蓄水，民得甘食"[28]。唐代节度使卢钧凿以通舟，在宋代有"菊湖云影"的美誉，成为当时的广州八景之一[29]。顺着甘溪往城东北方向去，还有不少风景名胜，为踏青避暑胜地，甘溪两侧二三里皆种植有木棉、刺桐，两岸为平坦大道。

南汉宫殿的建设，除了集中于宫殿区外，城市其他地区也有分布。南汉离宫别馆的建设，多有池苑相配合。

南汉离宫别馆建设中较大的工程是城市中西湖、药洲的开凿及南宫的建设。"凿山城以通舟楫，开兰湖，辟药州。"[30]西湖是在原唐城西城濠基础上扩大而成的，利用文溪水源和西湖湖底涌泉自然地理优越条件，开辟西湖湖岸500多丈，经多年才完成。药洲[31]在西湖中，四面环水，药洲上有九石，"今城西故苑，药洲九石，皆高数丈，号九曜石"[32]（图2-5）。西湖的北段可能称"玉液池"，"每岁端午，令宫人竞渡其间"[33]，可见这池不小，水也深。

图 2-5
药洲遗址现状

甘溪往东北方向有一处地方被南汉辟为御苑，建成甘泉宫，甘泉宫中有泛杯池、濯足渠、避暑亭等景点。

越秀山古迹甚多，南汉高祖时便筑"呼鸾道"，直通越王台，道旁遍栽金菊、芙蓉，南汉君臣常游宴于山上，并将越王台改名为游台。

河南（珠江以南）岗阜，土地肥沃，汉代已成为农耕区，南汉在这里建有不少园林殿堂坛庙，成为都城的组成部分。在隔山乡乌龙岗一带的高地，南汉乾亨初年仿长安大明宫含元殿形制修建郊坛，朝廷祭祀南郊的仪式，就在这里举行。现今南武中学一带，建有刘王殿、梳妆楼；在现今前进路万松园一带，南汉修建有仓廪，后人称刘王廪。这些都是南汉时河南地区园林殿堂坛庙建设的实例。

唐代南汉随着来往船舶的大量增加，港口建设也有了较大的发展，开始有了内港码头和外港码头之分。这时广州的内港主要有坡山码头和兰湖码头[34]。坡山码头在惠福西路坡山下，是珠江岸上一个重要的码头，称"坡山古渡"，坡山码头上建有光塔(原名怀圣塔，或称番塔)引航。光塔高36.3米，可以起灯塔的作用，塔的外形光圆，顶端有菌状塔尖，此形态与中国本土的建筑没有相似之处(图2-6)。兰湖码头这时也是广州城的重要内港码头，也是一个避风良港。由北边来的船只，包括佛山、北江、西江来的多在兰湖码头靠岸。道光《南海县志》卷二十二"古迹略"称："余慕亭在朝台，唐刺史李毗建，凡使客舟楫避风雨皆舶此。"另外，文溪下游在这时称"东澳"，也是船只可泊地点。

唐代南汉时期广州的外港码头主要有屯门码头和波罗庙码头。屯门码头在今香港新界青山湾，扼守珠江口对外的交通要冲，是一个天然的避风良港。当时外国来的船只，一定先集积屯门，然后驶进广州，回国时也要经屯门出海。波罗庙码头在今广州黄埔庙头村一带，即唐宪宗元和十五年(820年)韩愈写的《南海神广利王庙碑》中说的"扶胥之口，黄木之湾"，古称扶胥镇为黄木湾，在这里建有波罗庙，庙前便是古代码头，即当时广州的外港。波罗庙又称南海神庙，建于隋文帝开皇十四年(594年)，文帝鼓励对外交流，促进通商，他曾告诫广州当局："外国使人欲来京邑，所有船舶沂郭江河，任其载运，有司不得搜检。"当局建南海神庙，祭祀南海神，显示对海外贸易的重视。按当时的规定，外国商船未经允许，不能驶入广州内城，来广州贸易的外国商船一般先泊于南海神庙码头，而外贸主要航线大多从南海神庙的黄木湾出发，通往东南亚、西亚和东非地区。中外商人出海前都到南海神庙祈祷航海平安，历代帝王亦多派官吏来到这里立碑拜祭，所以长期以来这里留下了众多碑刻和诗文。这些碑刻和诗文见证了古代广州港口的繁荣(图2-7)。

图2-6 怀圣寺光塔

图 2-7　南海神庙

第三节　三城并立，以统一水道街市为特征的宋代城市空间结构形态

960 年，宋太祖赵匡胤夺取后周政权，建立宋朝。宋太宗统一了中原和南方地区，与北方的辽形成对峙局面。实际上两宋时期是中国的第二次南北朝时期，直到 1279 年，元朝统一中国才结束了三百余年的分裂局面。宋朝在经济上采取了均定赋税、兴修水利、开垦荒地等措施，农业生产得到提高，手工业、商业得到发展，这为城市的发展提供了条件。工商业的发展，科学技术上取得的重大成就，使城市发展史上又出现了一次高峰。商业的发展突破了时空限制，城市生活十分活跃，持续千年的坊市制全面崩溃；新的城市类型——市镇出现了，它丰富了中国古代城市体系；城市规模持续扩大，首次出现了近百万人口的特大城市，这与处于中世纪的欧洲城市相比，城市发展水平是领先的。

其实，两宋三百多年是中国城市发展起伏较大的另一个时期，北宋是城市发展期，而金、南宋是城市衰退、恢复发展期。1127 年，金灭北宋，由于金是一个在短短的几十年中从原始社会末期过渡到封建社会的民族，其统治有极大的破坏性，它的南侵导致了自东晋以来发展起来的江南地区城市的第一次破坏，当时的南方地区除福建、两广、四川外，宋统治区的主要城市如明州（宁波）、杭州、建康等都遭到了金军的破坏。

从元代起，中国保持了统一的局面，大部分时间内城市发展得以保持稳步向前的势头。从总体上来说，元代的经济发展水平未能达到两宋的水平，但就广州来看，城市外贸仍得到了发展。蒙古族建立的这个空前庞大的帝国，使东西方的交流达到了新的水平。由于中唐以后至南宋时期，我国西北部地区和中亚一带逐渐出现了一些新兴的国家或王朝，如黑汗王朝、西夏国等，这些割据政权的出现使北方的丝绸之路经常中断，从而使开辟海上丝绸之路变得极为迫切。在宋代，我国的造船技术、航海技术已很发达，当时海船的载重量已达200吨，指南针也已广泛运用于航海，使扩大海上贸易成为可能。宋代的广州是全国最大的港市，元代的广州是全国最重要的贸易港口城市之一[35]。

宋代地方行政体制分为路、州府、县三级。广州在宋代仍是广东地区的政治文化中心。广州属广南东路，是最高的地方行政和监察机关的所在地，广州的行政首脑是知广州。宋元两代广州设有市舶司，是国家专门管理海外贸易的机构。这个机构是由唐代的"市舶使"发展而来的。市舶司的主要职责是负责检查进口船舶货物和抽税、收买及运销舶来货物、发放出口和贩运货物凭证、执行有关外贸禁令等工作。

在广州城建史上，宋代是一个承上启下的发展阶段。以城市北部中间地区为政治中心，沿江及西部地区为商业居住区的格局在宋代得到巩固，城市风貌大为改变，由于商业的发展，城市呈现开放性平民化特征，这些都促进了广州特有的城市文化的形成。

由于广州市区大部分地区原先是浅海，经过漫长的岁月渐成陆地，这样的地层"土杂螺蚌"，在当时的条件下很难筑起坚固耐久的城墙，每逢夏秋起台风，经常导致城墙倒覆、屋宇残破，加上南汉灭亡时的损坏，到北宋初年，广州的城墙只剩下断垣残壁。宋代以后通过对城垣的多次修缮，逐渐呈现出三重城墙围绕的空间形态格局（图2-8），即子城（也叫中城）、东城、西城三城并立的总体形态格局。

子城又称中城，是在原南汉兴王府的基础上逐渐修筑而成的[36]，其范围与原来相同，即东至文溪下游（今仓边路一带），西至西湖（现今教育路、西湖路），南达今文明路，北抵越华路。周长五里，城北没有门，南面、东面、西面共有镇南门（镇安门）、冲霄门（步云门）、素波门、行春门、朝天门（有年门）五门。子城的修复是宋代对城墙第一次大规模的建设。城南为镇南门，为广州南面的正

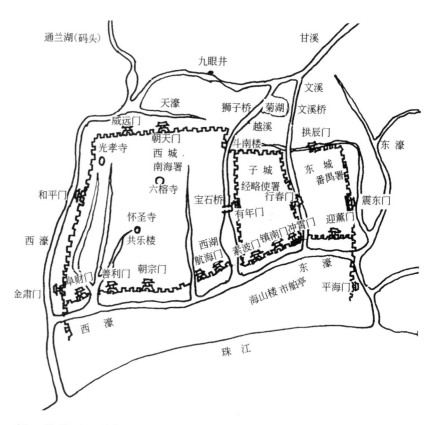

图 2-8
宋代城郭示意图

门,其北面正对南汉双阙,只不过这时的双阙已经改为双门,《广州府志》(乾隆)称:"宋经略司马伋重建,改双阙为双门,今曰'双门底'。"[37] 王积中记称:"惟谯门之旧,适临通衢,而宣诏堂适对其衢。乃崇谯门而新之,乃易宣诏堂而大之,上起层楼,以壮丽谯。中为复门……"[38] 冲霄门(步云门)为南边的东门,这个门为后来的文明门(今文明路得名于此)。素波门为南面的西门,位于今惠福巷东旧盐仓街南口,其外为素波巷。行春门为子城东城门,位于今长塘街北口,中山四路上,出城门为文溪上的致喜桥(也为文溪桥,清为明月桥)。朝天门(有年门)为子城西城门,位于今中山五路上,与行春门正好东西相对,门外在清代建有清风桥。

子城在宋代仍然是广州城主要的官署行政区和广人居住商业区。连接行春门和朝天门的今中山路一线(清代为惠爱街)在宋代已经成为了东西向重要的城市干道,与南北向承宣街(即南汉清海楼直街)呈一丁字形布局。现今财政厅处为经略安抚使司所在地,为政治中心。承宣门西侧已有今天的大马站、小马站的记载,街道均很窄,如王积中记称:"以府门隘痹,偏处东隅,官寺民居交隘,必侧舆转辔,乃克有适。"[39]

双门底地段是子城,也是全城的中心,按南宋刘克庄《重建清海军双门记》记载,"筑基广十丈四尺,深四丈四尺,高二丈三尺,虚其东西二间为双门,而楼其上者七间……门之柱八,各三尺六寸,旁柱三十有六……辟两旁地为翅环,以翅楼前为颁春、宣诏二亭"[40]。可见重修的双门规模较大,位于大约宽 30 多米、进深 10 多米的广场中心,广场四周可能是围廊(即翅楼),围廊的前端有亭子配合。

东城的建设是宋代第二次对城墙的扩建。北宋熙宁二年(1069年),东城在古越城的基础上逐渐修建起来,西接子城,东到今农民运动讲习所旧址,北抵豪贤路南,南至文明路,与子城并列,面积周围 4 里,有迎熏、拱辰、震东三门。这里主要是官员的居住区和风景区。东城的街道与子城相似,多为丁字形街道,街道较窄。

西城的建设是对城墙的第三次扩建,是在北宋熙宁四年(1071年)增筑的。这里大片的地方全由浅海演变而来,过去人们一直觉得这里土杂螺蚌,不可筑城。知广州程师孟胆识过人,令人设计绘画城墙图纸,报请朝廷,宋神宗便令人带着岭南欠缺的先进技术和建筑材料到广州指挥筑城。西城的规模最大,与中城隔着西湖相望。西城西抵人民路,北起百灵路(附近有小巷叫北城根),南抵今南濠街,周围 13 里,共有阜财、善利、朝宗、航海、金肃、和丰、朝天、威远等九门,这里是主要的商业区。由此,城市的发展突破了以前只是向南扩展的传统,城市开始向西扩展。

由于西城为商业区,西城两侧城门为通珠江三角洲的主要陆路,因此相对子城和东城而言,西城的道路呈现出方格状雏形。南北向街道有武安街(今马安街)通素波门,小市街通朝宗门,南濠街通善利门,官塘街通威远门,朝天街通朝天门;东西向的有大市街通金肃门,净慧街通和丰门。

东西雁翅城的建设为宋代第四次大规模的城墙建设。南宋嘉定三年(1210 年),在城南两边筑东西雁翅城直至海边,东翅城长 90 丈,西翅城长 50 丈,用以保护官署和商业区。在这一带的宋商业街,据记载的有高第街、濠畔街、清水濠街、卖麻街、东横街、西横街、状元坊等,这些在宋代形成的街道基本上延续至明代、清代甚至于近代。

至此,宋代广州城三城并立的形态就形成了。这种三城并立,明显受到中原子城—罗城制度的影响。宋代府治所在的城称为"子城",如南宋平江(苏州城)是自吴国始,秦、汉、晋、唐以来东南沿海规模较大的城市,一直是江南政治、经济、文化的中心城市,也是地区性府城的代表。在这个城市中就设有"子城"。子城是府治所在的城,内分六区,有府院厅、司兵营、住宅、库房和后花园。这一组建筑群由院落、厅堂、廊庑等组成,主要建筑布置在一条明显的轴线上,子城周围有城墙包围,在城市中心又筑有城墙包围的衙城。罗城为外城,在旧城之外加筑而成,这种形态是当时地区政治军事中心的府州城市的特点。宋代另一个港口城市泉州城也为衙城—子城—罗城三重城墙包围,衙城与子城相连(图 2-9),所以广州受此影响也就不足为奇了。

在城垣建设的同时,宋代进行了大规模的城濠建设。开凿城濠在当时来讲,不仅具有一般的军事防范意义,也是关系到国计民生的一项重要工程。早在大中祥符七年(1014 年),邵晔任广州知州时,由于子城临江无濠,船只常受到台风袭击,邵晔便凿内濠以通舟楫,作为船舶避风的地方,广人有歌谣唱道:"邵父陈母(陈母即陈世卿,废除了食盐管理不合理制度,甚得民心),除我二苦。"[41]熙宁三年(1070 年),东城建好以后,当局又在城外凿濠,形成横贯东西的玉带河。南濠(又名西濠)外出即为珠海,当时称"小海",因不利商船避台风,因此大浚南濠成为有利于发展对外贸易及商业的措施,北宋景德中,已由经略高绅开凿,成为当时广州最大的以外贸为主的内港码头。文溪宋代为运盐河,后有逐渐有淤积现象,到了南宋开庆元年(1259 年),经略谢子强又从白云山引水至城濠,大搞水利建设,同时筑堤灌溉城北一带的农田,做到修濠与农田水利建设相结合。

修筑城濠,不仅是为了军事防守的目的,也是城市防洪、排水与蓄水、商业航运的主要手段。所以古代一般在城内河渠池入城濠处安置涵洞,或设置水门,称为"窦"或"渎",可以放水和蓄水(图2-10)。《羊城古钞·省会城郭图》记载:"古渠有六,贯串内城,可通舟楫,使渠通于濠,濠达于江海,城中可无水患,实会城之水利。"在宋代,广州城内已形成六条排水大渠——"宋六脉渠"[42]。广州古城地势较高,城外没有设防洪堤,而由六脉渠与城濠相通,使城市形成了一个整体的蓄水与排水系统。除此之外,城濠的修建为商业的发展提供了很好的条件,水道与商业街市结合起来,成为宋代城市空间结构的一个显著特征。

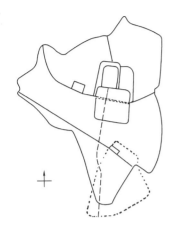

图 2-9
泉洲城复原想像图

图 2-10
外销画中船经过窦时的情形

尽管广州自汉代以来的商业贸易都相当发达,然而比较遗憾的是在唐朝以前,广州城市建设中有关商业市制的文献记载相当贫乏,又没有考古依据,因此我们对唐以前广州商业形态的考查,不得不把目光转向中国古代其他的城市。从已发掘的商代城市遗址如郑州商城、湖北盘龙城、安阳殷墟中,都没发现有关商业"市"的遗迹。可见中国城市的起源动因主要是由于王权政治的因素,而不是商业因素,城市是作为一个军事政治堡垒出现的。所以商业既然不能成为城市的重要部分,不可避免地在物质形态方面发展不力,故难有长久的遗迹。到了西周时期,城市相对于前代单纯的军事政治堡垒而言,建立了一套营国制度,城市成为宗法分封政体和礼制社会的一个部分,市与宫、朝、祖、社一起成为城市物质形态的构成要素之一。只是这个"市"是"前朝后市",属"宫市"性质,是为君主的生活服务的,对于城市没有什么实质性的影响。春秋战国,"礼崩乐坏",中国商业的发展出现了一个高潮,从这一时期发掘的城市遗址来看,城市不再只是单纯的军事据点,而且也是商品流通的枢纽。商业安排在郭城区,市不仅是郭中商业活动的区域,而且由于工商近市,显然又是郭的平面布局的一个重要核心。根据现有文献和考古资料,战国开始出现有封闭结构的市区,并出台了整套的市场管理制度,开了中国古代封闭市制的先河。广州附近的廉江县发现的唐代古城池遗迹为我们了解唐以前广州的市制情况提供了一定的依据。这座古城池遗址位于廉江县北 10 余公里的龙湖村南部山岗地带,《广东通志》(道光)"古迹略·石城"条曰:"唐罗城在(廉江)县东北三十里龙湖,城址犹半直山麓。""唐武德五年始置石城县,属罗

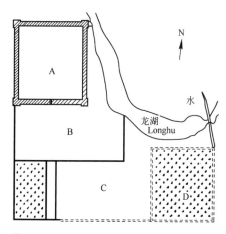

图 2-11
唐罗城遗址平面图

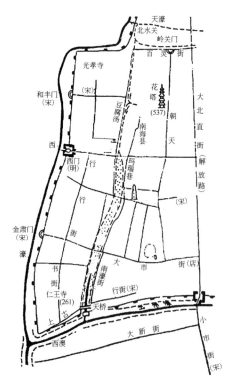

图 2-12
宋代西澳示意图

城。六年,罗城自石龙徙治于此。天宝元年更名廉江。宋朝开宝五年,废罗州并废县,治吴川。"由此可知此城址即为罗州城址,唐武德五年(622年)兴建,宋开宝五年(972年)废弃,共存在了350年。图2-11为经考古发掘的罗州古城址平面图,平面呈"L"形,有护城河和夯土城墙,有各方城门。图中A区为官署区域,其余B、C、D区为居民住宅区,各区界线明确,各有土墙包围;C区有一条贯穿南北的干道,正对A区南门,明确反映出官署在全城布局中的主体地位;A区城墙较各区厚实高大,而且居高临下,南面设小城,为集中的封闭式市场,在A区还发现有砖砌排水沟遗址。以官署为主体,封闭式里坊制管理,是这座唐城遗址的特点。从广州现有情况来看,在唐以前大约也是采用的这种封闭式的坊市制度。

商业的发展促进了城市市场制度的改变,并导致了新的街市空间的形成。一些传统的市场管理制度如市由官设、限制交易时间、规定交易地点、官府派市官加以管制、坐商有专门市籍等体制不断受到冲击。在中唐以后,更自由的市场形态——街市在广州出现了。由于唐初原有的坊市制度已不适应城市发展的需要,为改善这种状况,广州当局多次整治修拓。开元初,广州都督宋璟教民以"陶瓦筑堵,列邸肆"[43],兴元元年(784年),岭南藩帅杜佑"修伍列,群康庄"[44]。这样广州旧有的坊市结构被打破,新的街市出现了,市容市貌也大为改观,今中山路和北京路已成为东西向和南北走向的主要街道,店肆行铺林立,邸店柜坊等服务设施也颇为完善,《投荒杂录》谓广州"生酒行""两两罗列","皆是女人招待"[45],体现了多姿多彩的都市风貌。

宋代的广州商业街市,主要以南濠、玉带濠、东濠、文溪为依托,形成以水道为骨架的商业街市形态。南濠（西澳）是宋代广州最繁华的地区之一，南濠早在唐代已为船舶码头区，惠福西路古称"大市"，西澳边建有五丈高的共乐楼。《古钞》称，"旧名粤楼，在大市中，高五丈余，背倚诸峰，面临巨海，气象雄传，为南州冠"。程师孟曾有诗咏："千门日照珍珠市，万户烟生碧玉城。山海是为中国藏，梯航尤见外夷情。"《南海百咏》称："南濠在共乐楼下，阻以闸门，与潮上下，盖古西澳也。"这些记载诗句表明南濠在宋代已成为广州的商业中心和对外贸易地区。南濠附近今天还保留了大市面上街、麻行街、玛瑙巷、象牙巷、米市街等以行业名称命名的街名，连城西在南濠附近的城门也叫"阜财"门、"善利"门，可见当年城西南地区商业的繁华（图2-12）。

宋代玉带濠也是商业发达的地区。明初孙典籍曾作《广州歌》记载宋元盛况和明初的衰落，诗云："广州富庶天下闻，四时风气长如春。长城百雉白云里，城下一带春江水。少年行乐随处佳，城南南畔更繁华，朱楼十里映杨柳，帘栊上下开户牖……"附近的高第街、濠畔街一向是商业发达的街道。在镇南门外建有海山楼，为市舶司欢宴外商和海员的场所，宋人洪适曾有诗云："海山楼上水朝东，此去弥漫拍太空。捆载宁寻蕞尔国，舟行好趁快哉风。"南宋诗人陈去非登临此楼，亦有诗咏："万航如凫鹥，一水如虚空。此地接元气，压以楼观雄。我来自中州，登临眩冲融。碧波动南极，苍鬓永东风……远游为两眸，岂恤劳我躬。仙人欲吾语，薄暮山葱茏。海清无蜃气，彼固蓬莱宫。"陈去非把海山楼与蓬莱宫相比，可见其楼台非常雄伟，风景非常美丽。在楼前还有市舶亭，市舶亭实际上为码头。总之，宋时这里是繁华的商业区。明代由于河道逐渐淤狭，航运受到影响，商业也就逐渐式微了。

宋代东濠口即在东水关（即今大沙头）附近，古称沙澳，由于沙澳与波罗水道相联，所以在古代是外洋船舶集中的地点。濠口为一小海湾，东水关前常停满船只。东濠一直是交通运输繁忙的地方，是东城薪、米、木、石、粪、草出入的通道，今天沿袭东濠街名，还保留有糙米栏、猪栏等名称。

宋代文溪也可行船，是宋代运盐河。《南海志》称："濠长二百有四丈，宽十丈。"当时文溪下游是"穴城而达于海"，仓边路即宋盐仓所在，宋时广州产盐很多，文溪口即为盐司所在。《图书集成·职方典》称："大塘在广州府城内，连亘三里，旧为盐课提举后堂。"现今大塘、长塘为运盐河文溪的残迹。

为适应商业的需要，宋代广州建设的桥也比较多，如南濠上建有花桥、果桥、菜桥和春风桥，文溪上修文溪桥、狮子桥、状元桥。这些桥是通向各自独立城区的交通要道。

宋代广州的商业街市基本上以水道为依托，水道是古代广州城主要的交通运输生命线。来自各地满载货物或待装货物的大船停泊在各濠口等水面开阔处，货物则由小船分装沿着大小水道穿梭于城市内部，所以水运条件好的水道两岸商铺沿河一字摆开，容易成为繁荣的商业街市。在南部沿江地区，街巷形态随江河逐渐淤积成陆地发展而来，所以街道呈东西向长街，如唐代的大市街、宋代的濠畔街均是这样的。当河岸堆积成滩涂地后，又出现了小新街、大新街、卖麻街等东西向沿江长街，而南北向的街道则多为宋三城城门外直通江岸的街道(图 2-13)。清代以后珠江沿岸的街道形态，由于东西向水道的淤积，街道转而向垂直于珠江、沿纵深方向发展。

宋末元初，元军与宋朝残部在广州的拉锯战给广州地区的经济文化带来了严重破坏，元至元十四年(1277 年)元军毁城，战争结束时，广州城基本上冷落萧条，了无生机。战争结束后，广州的外贸

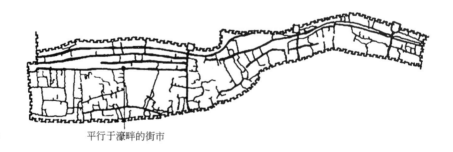

图 2-13-1
平行于濠畔的街市

图 2-13-2
垂直于珠江的街巷

很快就恢复过来了，广州城墙被毁后在至元三十年（1293年）得到修复。但城市基本上是在宋城的基础上修复，没有大的发展，同时元代蕃坊衰落下去以后，取而代之的是在怀远站建房屋120多间供外商居住。这个怀远站形态如何，今天我们已不得而知。

第四节 山水相伴的明清城市空间结构形态

明清时期是中国封建社会的封建统治由恢复、发展、停滞以至崩溃的时期。元末农民起义推翻了蒙古族统治阶级的政权，明太祖（朱元璋）于1368年建立了明朝，明朝经过267年的统治到1644年被李自成所领导的农民起义军灭亡，同年满族贵族夺取了农民起义的胜利果实建立了清朝。清朝于1661年灭了南明，统一中国。明清时期，虽然商品的生产和流通量大大超过以前，工商业城镇数量比前代有了更大的发展，市场网络开始形成，城市面貌也更加繁荣，但是由于缺乏社会制度的变革和技术的创新，城市的发展始终在旧的社会经济框架中进行，而未能开创一个新的时代。

这时的西方国家，正处于资本主义的原始积累阶段，随着东方航线的开辟，开始向东方进行殖民扩张。广州成为了西方势力在中国扩张的门户。最先来广州的是葡萄牙，接着而来的是西班牙、荷兰和英国。澳门本是珠江口外的一个小渔村，后来成为外国贡舶停靠的港口。明嘉靖十四年（1535年），明政府将市舶司移至澳门，嘉靖三十二年（1553年），葡萄牙人收买地方官员，占据了澳门。此后，葡萄牙人、西班牙人、英国人"扶老携幼，更相接踵"而来，内地的许多人也去谋生，到万历中，弹丸之地的澳门人口已达十万之众，"外国宝货山积"。随欧洲商船来华的还有西方国家耶稣会传教士，其中以利玛窦（Mathew Ricci）为代表的传教活动，具有广泛的影响，他们来传教的同时也带来了西方的科学文化技术和新思想。

清乾隆二十二年（1757年），清政府关闭了闽、浙、苏三个海关，广州又一次成为全国惟一的通商口岸（第一次是明嘉靖元年关闭宁波和泉州两地港口），成为全国性的进出口货物的集散地。从清乾隆二十二年到道光二十二（1842年），在不到100年的对外贸易中，广州对外交通和对外贸易空前繁荣，推动了广州社会经济的发展。当时"广货"蜚声海内外，国外的货物也不断涌入广州。"香珠犀象如山，花鸟如市"、"蕃夷辐辏"是当时的真实写照。对外贸易的发展，使珠江三角洲地区人丁繁盛，人民生活富足。乾隆年间，广东提督杨琳视察海防时看到："粤中沿海村落，户足人稠，商船络绎。"[46]总而言之，广州由于一口通商和贸易垄断，对外贸易以其得天独厚的地位处于高度发展的黄金时期，城市也得到了发展。

明代广州为广东省城，设布政使司，习惯上仍称省。明代在广州设置"四卫"，屯驻了较多兵力，广州仍是广东的军事政治中心。清军入关后，广州成为南明军和农民起义军与清军数度争夺的要地。1646年，南明隆武帝的弟弟朱聿粤以"兄终弟及"的理由在广州称帝，年号绍武，这是广州历史上第三次作为地方政权的都城，只是这次的地方独立政权太短，仅历时40天即灭亡，在城市建设上没有建树。清军占领广州后，在广州设两广总督，管广州驻军绿营兵，设广东巡抚专管广东一省事务，设广州知府统领广州府。清代广州仍是岭南的政治、军事、文化中心。康熙二十四年（1685年），清政府宣布"开海贸易"，在广州等地设海关管理对外贸易和征收关税事务。1686年广州建立"十三行"，它是清政府为防止外商与中国人接触而设立的，具有半官半商性质，主要职能是协助政府管理广州的对外贸易。清政府规定外国人来华贸易时，都必须找行商代理。在清乾隆二十二年保留粤海关一口通商后，全国的进出口商品交易都由广州一口经营。

明代对广州城的多次改造和扩建使广州城进入了一个新的发展时期。这时的广州城市建设更多地结合了城市周围独特的自然山水环境，经过多次改造和扩建，形成了独特的"六脉皆通海，青山半入城"的城市空间结构和"三塔三关"的大空间格局。

由于城市经济的发展，商业的繁荣，广州城原来的三城分立的形态已不适合城市发展的需要。原三城之间有濠水环绕，形成分割之势，中城与西城之间为西湖，中城与东城之间为文溪，交通不便的问题很突出。明初洪武三年（1370年）拆除了中间部分的城墙，填埋中间部分濠池，三城合为一体。三城合一促进了全城的统一，有利于城市协调发展。明洪武十三年（1380年），广州地方官朱亮祖认为在宋城基础上合三为一的城区仍旧过于"低隘"，因而"辟东北山麓以广之"，并"拓北城八百余丈建立五层楼，为会城壮观"[47]。后来城池又陆续有多次的修葺和扩建。明嘉靖四十三年（1563年），原宋代所建雁翅城保护的江边商业区，时常受到骚扰和袭击，为了保护这一带沿江商业区的安定和繁荣，当局又加筑外城。这次加筑的外城称为明代"新城"，或称明代"子城"。

新城有东、西、南门,有2层城楼。到这个时候,广州城基本上扩展到北抵越秀山,南抵珠江边,东至大东门,西达西濠,已形成今天广州市旧中心区的基本范围。这两次拓展形成的明代老城,周长约21里,设八门(图2-14)。从今天的省财政厅到珠江边,从地形上看一共分为四级,基本上反映了广州城四次扩大的过程。唐城建于汉城之上,地势较高,在现今青年文化宫门前处。北京路路面在这里往南即成一斜坡向大南路降低,大南路到西湖路一段为南汉新南城范围。大南路到高第街又低一级,这里是宋代的新南城,地势又降一级。再南是太平沙,地势最低,汛期高潮还可淹没,这是明代新城外的河边地。

图2-14
明代城廓图

广州城的规模扩展,使越秀山的一部分也在城市范围以内(图2-15),城中原有的六条溪水[48]长流不断(图2-16),所以形成了"六脉皆通海,青山半入城"的格局。这种扩大,不仅是单纯的城市用地范围的扩大,更重要的是反映了独特的设计匠心,将有一定垂直高度的部分越秀山划进城垣,不仅有利于形成丰富的城市景观层次,而且山水相映,形成了与自然和谐相融的整体环境意象,反映了"风水"思想对城市形态的影响。

一般认为,"风水"观念的明确出现和"风水术"作为一种城市选址与建筑空间经营方法的流行始于魏晋时代。唐宋以来,风水术渐渐

图 2-15
20 世纪初的越秀山

图 2-16
宋代六脉渠示意图

图 2-17
最佳风水格局图

形成两大流派，其中一派称为形势派，其核心内容是根据山川的走向（龙）、宅居或墓葬所在的位置（穴）、宅居或墓葬四周的山峦体势（砂），以及与宅居或墓葬位置相关的水体位置和水流方向（水）等四个方面来判断所处空间环境的优劣及由之引发的人的凶吉祸福。一个最佳的风水格局，是一个完整而向内聚合的层层环绕的空间格局，包括祖山、少祖山、主山（又称龙山、坐山、乐山）、青龙（左辅）、白虎（右弼）、左右护山、案山、水口山、朝山（图 2-17），由此形成一个负阴抱阳、后高前低、两侧透迤、四周环绕、中穴平正、明堂开阔、来龙蜿蜒、周砂拱卫、内敛向心、水流曲缓、林木繁盛、阴阳和顺的相对比较封闭而完整的空间环境[49]，这种空间环境是中国古代城市最为理想的选址。

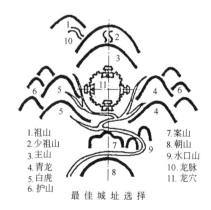

1. 祖山
2. 少祖山
3. 主山
4. 青龙
5. 白虎
6. 护山
7. 案山
8. 朝山
9. 水口山
10. 龙脉
11. 龙穴

最佳城址选择

48　广州城市形态演进

广州古城就处于这样一个理想的空间环境中。广州古城以九连山为祖山，以南昆山、白云山为少祖山，以越秀山为龙山。《白云粤秀二山合志》记："越秀山在会城北为省会主山，由白云山逶迤而西，跨郡而耸起，东西延袤三里余，俯视三城，下临万井，为南武之镇山。"前有珠江水环抱城市，唐以前有番、禺二山为左辅右弼（宋以后有东山区岗地山丘和城西坡山为左辅右弼），明堂开阔，可见其风水格局甚佳。整个城市基本上处于一个后高前低、两侧逶迤、中穴正平、明堂开阔、水流曲缓的空间环境，是"五岭北来峰在地，九洲南尽水浮天"[50]的风水宝地。对于广州古城的风水形胜，堪舆家认为也有不足之处。堪舆家认为："中原气至岭南而薄，岭南地最卑下……其东水空虚，灵气不属，法宜以人力补之。"按古代"水格"观，水来自西北方（乾方）为天门，流出东南方（巽方）为地户，水的最佳流向应该是从西北的天门流入，从东南的地户流出，特别是对于坐北朝南的城市来说，东南方又是生气方，流入、流出之水应有"捍门砂"和"水口砂"锁关。珠江自西北流入，在古城前凸成"冠带形"环抱古城，最后向东南由虎门、蕉门、洪奇沥三个口门入伶仃洋，所以在水出广州的地方要有"水口砂"锁关。在明代，广州城市建设更是强化了这种理想的风水格局，弥补了风水形胜的不足，形成了丰富的空间景观，这一点可以从以下两个方面略见一斑。

一是在龙头越秀山山顶的位置兴建了五层高的镇海楼，也称"五层楼"。白云山为广州的主山，按古代堪舆家的观点，中国境内的山系分为南、北、中三大干龙，以龙脉而论，广州城位于三大干龙之一——南干龙的南麓，与南岳及南岭为一脉，越秀山即为龙脉的聚结之处，被称为来龙，极富"偏霸之象"。因此朱亮祖戡定南粤后，不仅增筑北城，将城墙扩大到越秀山下，而且假借压岭南王气的名义，在龙首的位置兴建了此楼。镇海楼始建于明洪武十三年（1380年），后经历代重修。现存的镇海楼宽31米，深11米，高28米，为五层楼阁式建筑，逐层收减，复檐五层，硬山顶，楼身各层有平座腰檐，造型雄伟壮观，仍保留了明代风格（图2-18）。登此高楼，可以远眺珠江，因而也称作"望海"之楼，

图2-18 镇海楼

有"岭南第一胜揽"之称。镇海楼的建设,虽然因"压岭南之王气"的名义而起,但实际上起到了"会城壮观"的作用,是广州古代城市空间设计方面的不朽杰作。

二是在东出广州城的珠江边上,即相当于水口山的位置先后建起了三座八角九层的楼阁式砖塔,即莲花塔(始建于明万历四十年,即1612年)、琶洲塔(建成于明万历二十八年,即1600年)、赤岗塔(建成于明天启年间)。三座塔的新建,不仅可以使中外来往船只以此为"海航表望",而且这三座塔鼎足而立,雄踞珠江入海处,锁住水口,壮了形势,使珠江平添了一种耸立挺秀的雄风。在城市西南面珠江流入方向,有三座石岛,从西向东依次是浮丘石(西门外)、海珠石(城南江心)、海印石(旧火车站)。这三座石岛形成了天然的关锁"天门"的"三关"(后在其上建有炮台),锁住珠江上游,因而从总体上形成"白云越秀翠城邑,三塔三关锁珠江"的空间环境意象,使城市的山川形胜更为缜密(图2-19)。

其实中国古代城市中早已有用人工的手法去适当弥补风水环境不足的做法。如在唐长安城的规划建设中,宇文恺觉得城东南地势高于城西南地势,风水格局不佳,于是就在城东南开挖水池,将其地势"损之",后来这里形成了怡人的风景区;接着,又在城西南角用了两坊之地建造寺院,同时并列设置两座高层木塔,将这里的自然地势"益之",以弥补自然地势的低下。明代广州城的建设是有意强化风水格局和弥补风水环境不足的又一个实例。

明代广州三塔的兴建,也与祈求文章文笔之风盛行有关。《相宅经纂》说,"凡都省府县乡村,文人不利,不发科甲有,可于甲、巽、丙、丁四字方位上择其吉地,立一文笔尖峰,只要高过别山,即发科甲,或于山上立文笔,或于平地建高塔,皆为文笔峰"。明代广州的文化水平已显著提高,在科举制度下,人人希望高中金榜,仕途无限,因而也就有了登临转运的需要。

明代在城市建设方面还注重突出城市中心的吸引力和领域感。在惠福西路五仙观的后面,兴建了岭南第一楼(又称禁钟楼)。这座楼于明洪武七年(1374年)始建,现存高大的红色砂岩石台基是明代遗构,台座上面为四面开敞的木构建筑,平面正方形,重檐歇山顶,面宽三间,进深三间[51],中间开一拱券门,前后贯通。楼上悬挂一口重约5吨的明代青铜钟,钟下面是方方形竖井与门洞相通,可使钟声发出共鸣,"声闻十里"。明代广州城也出现了牌坊与牌楼,前者仅在单排立柱上加额枋,后者是在单排立柱上加额枋、斗拱和屋顶,

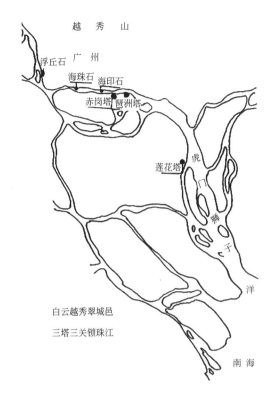

图 2-19-1　三塔三关整体臆想图

图 2-19-2　赤岗塔

图 2-19-3　琶洲塔

图 2-19-4　海珠石，上建炮台

它们主要有表彰、纪念、导向和标志的功能。明代在今解放中路建有惠爱坊、忠贤坊、孝友坊、贞烈坊四坊，叫"四牌楼"（图 2-20）。这些楼、塔的建设，加强了空间的领域感，并且使城市建设突破了低平的天际轮廓线，形成了丰富的城市景观层次。从镇海

第二章　广州古代城市空间结构形态演进　51

楼（楼高28米，加上山坡高度高达80米）、越秀山、城区、江边呈现出逐渐降低的整体势态。以越秀山为背景，低平的房屋和水上"浮城"（见第五章）与高起的花塔（高59米）、光塔（高36.3米）、光孝寺（大殿高近20米）、钟楼、城门楼形成对比（图2-21），错落有致的整体景观使漂洋过海远道而来的商船泊在珠江上就能感受到远东第一大商港的繁华气氛。

今天广州城内主街，在明代已有，其中城南、城西仍然是商业最繁华的地方。如濠泮街是"天下商贾逐焉"的闹市区，明孙蕡的

图 2-20
四牌楼

图 2-21
广州古城空间层次图

《广州歌》中唱道:"城南南畔更繁华,朱帘十星映杨柳,帘栊上下开户牖。"这里聚集着许多富商大贾,有"贾客千家万家室",是"百货之肆,五都之市",可谓"香珠犀象如山,花鸟如海,番夷辐辏,日费数千万金,饮食之盛,歌舞之多,过于秦淮数倍"[52]。河南沿江一带在明代也逐步有所开发,主要为游览区和住宅区。

清代广州城在总体布局上沿承了明代的城市布局形态。清顺治四年(1647年)筑东西二翼城,各长二十余丈,各为一门,向南直通河边,称为鸡翼城。这是广州城建史上最后一次的城池建设。在清代大清门外是天字码头,入大清门沿双门底往北一带分布的是书院、学宫、布政司、广州府、巡抚部院等官府衙门。此外,这一带居住着衙署官员的随从和家属,因此在双门底与惠爱路交接的丁字路口路段形成了市内繁华的商业区,各种店铺纷纷建立,以满足官员及其家属的日常生活需要,以售文房四宝、书籍、刻印、成衣、日用品、苏杭什货、古董及饮食业最为有名。此时的珠江沿岸一带,从天字码头至东濠口即东堤一带颇为繁华,可谓夜夜笙歌、画舫如织。此地因靠近码头,外地经商者都在此上下船只,装卸货物,形成了专为过往商贾服务的城外商业区,后因多次火灾,码头西移至沙面的潮音街一带,东堤一带日渐衰落,西堤代之而起,成为城外繁荣的商业中心。这一带商业中心的特点是旅馆较为集中,过往旅客需用商品如特产、百货、药材等比较齐全。内城的濠畔街因靠近此地继续为繁华的贸易中心,内有浙、绍、金陵、山陕、湖广等地会馆,玉带河素有"小秦淮"之称。由于广州市民多以经商为主业,故清代城中除此二处大而集中的商业区外,市内许多街巷都是商业贸易的街道,这从当时这些街巷的名字中也可看出,如"纸行街"、"米市街"、"雨帽街"等,显然这是当时专业货物交易的地方。正如《岭南游记》所记,"广城人家大小俱有生意……以故商业骤集",在居民集中的居住区也形成了一些为市民服务的商业街道。如形成于宋代的高第街,以经营小商品为主,在长达六百米的街巷中,有几百家店铺,是广州历史最长的商业街。

到了清中叶以后,城市的发展突破了原有城墙的限制,在北有越秀山、南有珠江的条件下,城市沿着珠江两岸和西关平原发展,在东山、河南这两个地方的开发也多了起来,外国商人的夷馆——十三行的建设是广州城一道新的景观。由于十三行的建设填江占地、兴建码头,珠江河道在清代迅速地变窄了。

总之,广州古代城市的发展处于中国漫长而又相对稳定的封建社会时期，除汉平南越、宋末元初等大的战争以外，广州基本上以城墙为核心，逐步扩大发展。从总体上看大的扩展和建设有四次，即赵佗城、南汉兴王府、宋三城、明清广州城。

广州古代城市的空间结构形态明显受中原的城市布局形制的影响，赵佗城采用西城东郭的布局，体现了以西为尊的宗族礼制的思想；兴王府采用坐北朝南的布局，体现了突出皇权礼制的思想；宋代的城市形成了三城并立的形态格局，水道与商业街市相统一；明清以后，城市建设更多的结合了城市周围独特的山水自然条件，由于地理环境、商业贸易、交通方式的影响，形成了独特的"六脉皆通海，青山半入城"的空间结构形态和"白云越秀翠城邑，三塔三关锁珠江"的大空间意象。

本章注释

[1]　杨万秀，钟卓安主编. 广州简史. 广州：广东人民出版社，1996.23

[2]　同本章 [1] .205

[3]　麦英豪. 广州城建成年代及其他. 中国考古学第五次年会论文集. 北京：文物出版社，1988

[4]　汉书·高帝纪

[5]　史记·南越列传

[6] [7] [8]　同本章 [1] .15～16

[9]　徐俊鸣. 广州史话. 上海：上海人民出版社，1984.12

[10]　广州市文物管理处，中山大学考古专业75届. 广州秦汉造船工场遗址试掘. 见：文物. 北京：文物出版社，1977（1）

[11]　初探南越宫署. 羊城晚报，1998-04-19.《南越国御花园展露真容. 广州日报，1998-03-26

[12]　南越国御花园展露真容. 广州日报，1998-03-26

[13]　1983年，在今越秀公园西侧的象岗山上因工程施工而发现了一座保存完好的西汉早期大型石室墓，同年8月经批准发掘，墓中出土文物共1000多件。这是迄今为止整个岭南地区发现的规模最大的一座汉墓，它与河北满城汉墓、长沙马王堆汉墓同为中国汉代考古的重大发现，在20世纪80年代被誉为中国五大考古最新发现之一。

[14]　汉书·百官表

[15]　同本章 [1] .220

[16]　麦英豪. 古广州的若干史实问题. 岭南文史，1990（1）.7

[17]　南齐书·州郡志上

[18] 宁越敏等著. 中国城市发展史. 合肥：安徽科学技术出版社，1994.118
[19] 梁方仲著. 中国历代户口·田地·田赋. 上海：上海人民出版社. 1980.114
[20] (清)阮元. 广东通志. 卷一
[21] 宁越敏等著. 中国城市发展史. 合肥：安徽科学技术出版社，1994.33
[22] 参见：(元)马端临. 文献通考
[23] (唐)李吉甫. 元和郡县图志. 卷五
[24] 蒋祖缘，方志钦. 广东简明史. 广州：广东人民出版社，1987.97
[25] 黎金. 越华路宋代城基遗址考略. 见：广州文博，1990
[26] 曾昭璇. 广州历史地理. 广州：广东人民出版社，1991.245
[27] (清)梁廷楠. 南汉书. 卷九
[28] 吴史·陆胤传
[29] 菊湖在元代以后淤积，明代已成为城市用地。
[30] (清)刘应麟. 南汉春秋
[31] 在今南方戏院侧的九曜石附近。
[32] (宋)朱彧. 萍洲可谈
[33] (南宋)方信孺. 南海百咏
[34] 严格地说这两个码头也在城墙外。
[35] 宋代广州的对外交通在唐代开通的基础上对外交往更加密切。据不完全统计，当时东南亚、南亚与我国有贸易关系的国家已达50多个，其中大食国(泛指阿拉伯地区国家)、交趾(越南北部)、占城(越南南部)、三佛齐(印尼苏门答腊)、印尼中部国家与我国来往最多。隋、唐、北宋时期，广州成为中国最大的港市。
[36] 据曾昭璇教授考证，子城是不断修建的，平均约50年一次。
[37] 双门底楼于20世纪20年代拆墙修马路时才拆去。
[38] [39] [40] 转引自曾昭璇. 广州历史地理. 广州：广东人民出版社，1991.226，283
[41] 宋史·邵晔传
[42] 历代的六脉渠所指不一样。宋代的六脉渠主要在宋西城内，据元代陈大震《南海志》称："古渠有六脉，草行头至大市，通大古渠，水出南濠为一脉；净慧寺街至观巷……通大古渠，小水出南濠为一脉；光孝寺街至诗书街，通仁王寺前大古渠为一脉；大钧市至盐仓街，及小市至盐步门，通大渠为一脉；廉访司至春风桥，水出桥下为一脉；子城内，水出路学前泮水为一脉。"
[43] [44] (唐)欧阳修，宋祁. 新唐书. 卷一二四、一六六
[45] (宋)李昉. 太平广记. 卷二三三

[46] (乾隆)广州府志. 艺文. 杨琳. 炮兵序

[47] 经过唐、宋、元以来的开拓,以广州为中心的岭南经济已逐渐摆脱了过去的落后状态,进入了全国先进地区的行列。广州地区经济高速增长,土地大量开辟,农业生产水平迅速提高,出现了农业商品化和专业化的生产区域,广州农业跃居全国先进行列。伴随着商业化农业生产的发展,广州地区的手工业也有长足发展,以广州产品为代表的广东商品即"广货"异军突起,以前所未有的速度推向全国,并进入海外市场。在中国商人与西班牙商人的共同努力下,以广州为起点的海路又开通横越太平洋的中国—菲律宾—墨西哥的海上丝绸之路,以丝绸为主的中国商货开始进入南美洲。

[48] 六脉渠兼有排水和航行的便利,历代的六脉渠有所不同。

[49] 王贵祥. 东西方的建筑空间. 北京:中国建筑工业出版社,1998.390

[50] (清)屈大均. 广东新语

[51] 木构为清乾隆五十二年(1788年)年重建,宽13.9米,深11.9米,高6.8米。

[52] 徐俊鸣. 广州都市的兴起及其早期发展. 见:岭南历史地理论集. 广州:中山大学学报编辑部,1990(11).4

第三章 广州近代城市空间结构形态演进

　　自然辩证法告诉我们，世间的一切事物，无论是物质的形态还是精神的形态都会在相互作用的过程中逐渐演变，事物在彼此的渗透和相互作用中交织成为庞大的开放系统。城市正是这样一个开放复合的大系统，其演变往往都是沿着从小到大、从简单到复杂的方向发展，而且时间越向后推移，系统间的关系就越复杂，其重叠性、复合性特征就越突出，其制约性、互动性就越显重要。就广州古代城市形态的发展而言，王权政治、商业贸易是先后两大城市空间形态演进的动力，相对来说比较简单，而当城市发展到近代以后，由于广州在近代是中西方政治、经济、军事、文化冲突的焦点，其城市形态是更为复杂的社会形态的物化，因此有必要从一个较为系统的角度去看问题，以便获得对城市形态发展的圆满解释。

　　根据物理学原理，对事物产生作用的力具有三个特性：大小、方向和作用点。促进城市形态发展演进的诸多动力因素亦具有这三个特征，它们的共同作用构成了"空间共同力系"，不过这种类比必须限定在力作用的空间范围以内。与物理力系不同，城市形态运动的"共同力系"还有时间维度，同样大小和同样方向的力，作用时间不同效果也会不同。一般说，时间短力能大，对城市形态局部影响较大；时间长力能小，城市形态呈渐进特征；时间长力能大，多见于新城建设；时间短力能小，看不出整体形态有明显的变化。根据这一理论，我们对广州近代城市空间形态演进过程的分期，主要依据作用力的特点来划分，即包括经济地位嬗变、资本主义初步输入的近代前期（1840～1911年），西方资本主义深入影响、陈济棠"主广"城市大发展的近代中期（1911～1936年）和社会经济跌荡的近代后期（抗日战争到新中国建立）。

　　这一时期，作为城市规划文本的城市规划设计开始在广州出现，城市规划设计与城市形态受力是一致的，只不过城市形态是力系作用导致的直接结果，而城市规划设计则是直接承受这个力系并指向特定的理想城市形态的一个中间过程。

第一节　西方资本主义初步输入的近代前期
（1840～1911 年）

经济地位嬗变及新的发展动力

　　秦汉至第一次鸦片战争以前，广州的对外贸易几乎始终居全国的中心地位，经久不衰。明清以来，广州口岸的中西贸易一直不断扩大，在这一时期的中西贸易中，由于中国保持出超地位，西方人便企图用鸦片贸易来弥补亏额，牟取暴利。鸦片走私、禁烟运动及鸦片战争，都首先发生在广州地区，广州深深地陷入了中西关系冲突的漩涡之中，终于由和平贸易的口岸演化为国家实力较量的竞技场。在这场角逐中，广州不仅城市受到了破坏，而且逐渐失去了对外贸易及对外开放的优势地位。

　　鸦片最初是作为药材输入中国的，由英国东印度公司垄断经营，在 1773 年之前，每年不过 200 箱，但到 1838～1839 年即达 35500 箱，而且自 1834 年东印度公司的垄断权被取消后，英国对华的鸦片贸易几乎全都以走私的形式出现。随着"三千年未有之奇祸"的烟害泛滥，林则徐说，"若犹泄泄视之，是使数十年后，中原几无可以御敌之兵，且无可以充饷之银"[1]。1838 年 12 月，广州市民包围并袭击了外国商馆。1839 年，为迫使英国商人交缴鸦片，林则徐下令中止中英贸易，查封英国商馆和商船，并于 6 月 3 日至 25 日，于虎门销毁所缴鸦片。1840 年 6 月，英国发动侵华战争，其中 1841 年上半年的战争是以广州地区为中心的珠江沿岸和出海口水域进行的。第一次鸦片战争期间，英军多次炮击广州城，并一度占领广州城，使广州城市受到了巨大破坏。5 月 22 日，"夷人抢夺十三行"，25 到 27 日一连三天，"贼用火箭、火弹直打城中，城外东、西、南三处火光烛天，烧去民房千余，呼号之惨，不堪言状"[2]。各城门外及河南地区，"共被夷匪烧去行店铺户约有千户，近省居民连日由陆路扶老携幼，沿途号泣，逃至佛山者，每日到有数千人"。在郊区，他们"肆行无忌，于附近各乡，昼夜巡扰……"[3]侵略者的暴行激起了广州人民的坚决抵抗，他们组织社学团练，发动了三元里抗英斗争，两次焚烧外国商馆，多次袭击英军据点，使英军在广州不得安宁，6 月 1 日，英军撤往虎门。

第一次鸦片战争结束后,广州人和西方人之间的敌对情绪丝毫没有缓和,西方人期待的扩大在华贸易的愿望在广州没能实现。1856年,西方人发动了第二次鸦片战争。第二次鸦片战争从1856年10月开始,历时四年。1856年10月24日,英法联军攻占广州。英军强占十三行地区后,拆毁了附近大片中国民居住房和店铺,这一行径再次激起广州人的愤怒。他们再次焚烧外国商馆区,大火延烧了两昼夜,使其成为一片平地。英军采取报复行动,先后焚毁双门底(今北京路)至西炮台一带民房9000多间,并拆除大新街及观音山附近民房,被毁房屋达数千栋。繁华的商业街毁于一旦,广州城市破坏惨重。

两次鸦片战争后广州失去外贸及开放优势地位大致分为两个阶段:第一阶段(1843～1852年),广州对外贸易逐渐滑坡,它的中心地位日益削弱;第二阶段,从1853年起,广州外贸中心的地位被上海取代。马克思在《对华贸易》一文中说:"五大商埠的开放及香港之占有,结果只是使商业中心从广州移至上海。"五口通商后,广州经济腹地缩小,贸易衰弱是必然的趋势,同时由于在1851年以后太平军活动于两广,切断了交通线,使广州本已缩小的经济腹地更小,而且太平军数次逼近广州,大批官僚、地主、富商挟带巨资去香港,并且在香港经营埠际转口贸易,沟通内地南北、南洋、欧美商货,从而代替了广州原有的转口贸易的地位。到了1854年,太平军攻入佛山,把这个工业中心城市毁成灰烬,手工纺织业完全被毁,广州的对外贸易中心地位日渐衰落。

广州开放优势失落的迹象首先表现为广州外贸额的总体下滑、在全国外贸总额所占比例不断下降。鸦片战争以前广州的对外贸易额为全国的100%,1860年已猛跌至33.3%,1867年跌至14.2%,1911年更跌至10%以下[4],可见,广州长期保持的中国外贸中心的地位在近代很快就失去了。其次,战争以后驻广州的外国洋行机构纷纷将其总部转移到上海和香港,如怡和、旗昌、宝顺、丽如等,留在广州的只是这些洋行的二级或三级分行,其发展相对缓慢。两次战争中由于广州的外国人住宅与官署被洗劫焚毁,中外人士的贸易中心也转移到香港,一些商务如银行、交易所、邮务等也都离开广州。广州对外贸易的优势失去后,同时居留在广州的外国侨民人数时增时减,并一直保持在较低水平。洋行与外商的转移,也导致了广州买办队伍的转移。广州曾是中国行商和买办的摇篮,但自从"十三行"制度废除以后,广州的行商和买办也都散去,如四大洋商(潘、卢、伍、叶)之一的伍家,

"广东籍买办像食客一样跟着外商到各口岸去,外商去新口岸时,通常带上他们的买办和其他雇员"[5]。

广州的经济地位的变化是中国旧经贸体制衰落和国家主权部分丧失的必然结果,也是中西经济和文化冲突的必然结果。对于西方人而言,鸦片战争前的广州不仅是中国的贸易口岸城市,而且是中国贸易制度的象征。广州地区的商品经济虽然比较发达,对外贸易经久不衰,但它代表的却是一个商品经济不够发达并且对商业贸易不加鼓励、开放度十分有限的农业帝国,广州的对外贸易优势是中国整体的农本经济体制和局部的商品经济发达相结合的产物。相对主流的农本自然经济而言,广州的外贸只是一种"边缘经济",广州的开放优势恰恰是以整个国家不够开放为背景和前提的。古代广州成为中国外贸中心在很大程度上是取决于政府的政治上的选择。从政府的角度去考虑,在广州发展外贸,既不会破坏内地的农本经济,也不会干扰中央朝廷的政治,也不会进入中国的内地和京城。广州的边缘地理是其用为中国外贸中心和对外开放的重要原因,这非常典型地反映了古代中国的政治、经济和文化的半封闭特色。因此鸦片战争以中国政府的失败和五口通商为结束,变"公行制度"为自由贸易,变一口通商为多口通商,变中国主导的传统外贸体制为西方人主导的近代世界一体化体制,广州的优势很快就失去了。

虽然一口通商的优势失去了,但广州仍然是近代西方的经济势力首先登陆的地方,中国早期工业化的序幕首先是在广州拉开的。1845年,英国大英轮船公司的职员柯拜在广州的黄埔租下一个船坞,在加以扩建之后,开始从事修船业务,这便是广州的第一家近代工业企业,也是全国的第一家[6]。后来广州又连续出现了丹麦船坞公司的修船厂、旗记铁厂、于仁船坞公司、诺维船厂、高阿船厂、福格森船厂等多家外资企业。这是近代西方人来华办的最早一批企业。由于这时的西方商人将其主要的精力放在通商贸易和走私鸦片、拐卖人口上,所以这些企业都是直接为贸易和航运服务的,不仅规模小、设备简陋,而且存在的时间不长,所以它们的出现并没有引人注目,也没有立即带动广州近代工业的发展和城市的发展。1863年,香港黄埔船坞公司成立。这是由几家英资合伙买下了柯拜公司和于仁公司后新成立的公司,不仅修船,还兼营机械、锅炉、铁路器械的制造,形成了一定规模。1873年后这家公司放弃了在广州的经营,专心在香港发展,并于1876年卖给了两广总督刘坤一,这家英资企业也变成了洋务派的军用企业。由于外国在华投资的重点已转移到上海，以后外国人在广州投资办厂的事例极为罕见，从这以后，广州的外资工厂便寥寥无几了。广州的官办企业始于19世纪70年代。1873年，满洲人瑞麟任两广总督，创办了广州机器局，厂址设于广州城东的聚贤坊，专门生产洋枪，第二年又在增步创设了军火局。1876年新粤督刘坤一买下黄埔船坞之后将其作为广州机器局的造船厂，成为广东水师的主要装备工厂。1888年，广东钱局开始生产银币和铜币，据称这是中国第一家机器制币厂，它每天可以铸造10万枚银币和200万枚铜币。1887年张之洞在广州北郊石井创建了广东兵器制造厂，并曾经在广州筹划创办机器织布厂等，但因官职调动，这些计划都流产了。此后很长时间，广州没有出现新的官办企业。广州的民族工业发展也起始于19世纪70年代，一些商人和华侨在广州及其附近地区先后投资创办了一些近代企业，如缫丝、火柴、造纸、电力、电报、造船、轮船运输等，他们的资本较少，经营过程亦很坎坷，但有些企业在全国属于首创。1890年旅美华侨黄秉常在广州创办广州电灯公司，这是我国第一家民办的电灯公司。这家公司筹集资金10万元，从美国威斯汀电灯公司购买发动机和交流发电机，发电量可供1500盏灯照明之用，到1892年广州已有四里长的街道装起了电灯，有些店铺也开始在铺里安装电灯[7]。在鸦片战争以后的60年间，广州先后出现过各种工厂约30家[8]，这个数字虽远不如上海，但仍是中国近代工业发达的城市之一。

　　这些企业规模小，数量少，设备简陋，经营上仍带有传统手工场的性质，能维持长时间的不多，它们虽然开了广州早期工业化的先河，但并没有改变广州原有的经济格局，也未发展成为一个独立的产业部门，因此城市形态未有大的改变，城市的发展主要表现为沙面租界地的形成和城市自然生长。

城市的扩张——沙面的形成、西关的开发、河南的开发

　　鸦片战争对广州城市发展而言一方面是城市受到破坏，另一方面就是导致沙面租界地的形成。

　　1839年广州展开禁烟斗争期间，商馆区一度封闭，外商全部撤离广州。第一次鸦片战争以后，根据《南京条约》等不平等条约，广州于1843年7月27日宣布对外开放。西方人不满足战争以前只限于在十三行商馆区赁屋居住的状况，要求扩大租借地，多次提出入城和租地要求，从黄埔到河南，到处寻找新的居留地。后经协商，把东至西濠口、西到新豆栏街、北到十三行街、南到珠江边的原商馆区及周边的土地租给外国人，英国领事代表各国商人与广东当局达成协议："规定中国人进出十三行地区的限制，并筑围墙或关闸使十三行地区成为相对独立的小世界。"[9]以这块租地为基础，十三行地区又一次逐渐成为洋行集中和外侨聚居之地。第二次鸦片战争期间，十三行商馆再度被大火焚毁，英法联军攻陷广州后就急迫寻找新的居留地，以取代被焚毁的十三行地区的洋人商馆，1858年选定了原商馆区西南边的沙面，1859年英法两国官员正式向广东巡抚要求租借此地，7月，两广总督黄宗汉被迫答应了这一要求，1861年正式签定租约，每亩年租金1500钱，每年年底由专人交纳给广东当局。[10]

沙面，又名"拾翠洲"，是白鹅潭畔的一片沙洲，后来成为迎送官吏的场所，清中叶以后成为广州最繁华的地区之一。这里是黄埔港进入广州的必经之地，宽阔的白鹅潭水面又可停泊军舰，并且是不会引起业主纠纷的水旁官地，只要挖一条河涌与陆地隔开，筑桥相通，便可自成一个小天地（图3-1）。

英法官员要求广东当局负责沙面河滨地基的填筑工程，实际上是将沙面筑成了一个小岛，其筑基费用在英法两国向广州当局要的"赎城费"中扣除，由粤海关支付。沙面地基填筑工程于1859年下半年开始进行，迁走原散居于此的居民，拆除了此地两座城防炮台，在岛的北部与陆地相接处开挖一条30多米宽的河涌，在四周用花岗石砌岸，然后用河土填平，使沙面从一个小沙洲成为了一个小岛。工程费时两年完成，耗资32.5万墨西哥元，岛上只有东西两桥与广州城市相通（图3-2），沙面的小艇可与停泊于白鹅潭的军舰直接来往，外国人进入沙面，不须经过中国海关，"沙面租界俨然是独立于

图3-1 沙面

图 3-2
沙面英格兰桥 20 世纪初景象

广州城外的另一个城市"[11]，中国政府"均不得在此地内执掌地方收受饷项及经营一切事宜"[12]。沙面成为了广州的特别区，与广州老城完全分开，对峙平行发展起来。

沙面小岛东西长约 862 米，南北宽约 287 米，面积约为 330 亩，其中英国租界 264 亩，法租界 66 亩。英当局将夷馆烧毁破坏的赔偿金和租地的税金用来修筑道路，种植树木，到 1865 年，沙面英租界已粗具规模，同年英国领事馆首先搬入沙面，随后，美、葡、德、日等国领事馆相继搬进沙面。许多原设在十三行的外国洋行，纷纷迁到沙面设立分行，沙面英租界区逐渐繁荣。法租界区的经营起步稍晚，当时法国政府正集中力量在原两广总督署所在地建筑哥特式的天主教堂石室，1888 年石室竣工后，法国人即投入沙面的经营，建筑领事馆和东方汇理银行广州分行，法国领事馆于 1890 年搬入沙面后，法租界区也随之繁荣起来。

沙面在土地的取得制度上采用国租方式，所以和杂乱的上海租界不同，广州租界在其兴建之始就有个比较全面统一的计划，道路和街区非常整齐，并进行了绿化，这与汉口、九江、镇江的英国租界的构造和形成非常相似。上海租界采用民租土地的方式,即租界划定后,外国商民直接与中国业主交涉购买土地,所以建筑用地大小不一,产权复杂;国租方式即由英国政府向中国租借整片土地为专管租界,再由英国政府将界内土地分租给本国商民或别国商民。

广州沙面的英租界,"在租界签约的第二天,就由英驻广州领事主持,把英租界划成 82 区,按地段不同标价 3550～9000 元不等,向所有在广州的外国人出售,共售出 52 区,获利 248000 元,其余没有出售的地段由英国政府收购,用以修建领事馆、教堂等"[13]。英租界分区出售后,各业主纷纷进行建设,沙面很快形成规模。

沙面租界的各种权力实际上由英、法驻广州领事直接控制。两国租界区分别成立各自独立的工部局,管理本租界区的治安、行政、市政公共建设以及人口、税务等事。工部局下设巡捕房,各自负责租界的日常治安保卫工作及签发租界出入证等事务。此外,租界内还有各种民间商会组织,如美国商人的扶轮会、英国商人的英商会、群英会等,目的是协调各国洋商间的利益,而各国商行的外商联合会,则代表洋商向中国政府交涉有关事宜。

沙面规划用一条贯通东西的主干道辅以几条纵向的次干道将其分割为大小不等的 12 个区,区内再分为 106 个小区,建筑主要围绕中心绿地建成,其间道路绿化占了相当大的面积(图 3-3)。初期沙面的建筑有警察局、领事馆、礼拜堂等,如 1865 年迁入沙面的英国领事馆、沙面教堂等。沙面大量的建筑基本上是在 19 世纪末期以后建造的,它们当中主要有各国领事馆等政治性建筑,也有为居民服务的教堂、学校等文化建筑,还有少量银行、洋行等办公建筑及俱乐部等公共建筑,不少属办公综合体建筑,前面或下面办公,上面或后面为居住,其中也有很多小住宅和公寓式建筑,但是沙面没有商业性街区(图 3-4,图 3-5)。此外,沙面租界内有电力厂、自来水厂、邮电局、电报局等近代市政设施以及网球场、足球场、游泳场等公共建筑[14]设施,这些都对广州城市近代化产生了积极影响。

图 3-3
沙面规划图

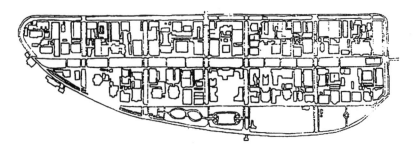

图 3-4
沙面街道 20 世纪初景象

图 3-5
沙面英国教堂 20 世纪初景象

与十三行商馆相比，沙面规划、市政设施、建筑对后来广州城市的影响要大得多，沙面的西洋建筑，成为了当时国人了解西方建筑的窗口，扩展了人们的视野，其建筑形式成为后来广州商业建筑的效仿对象，对骑楼建筑及骑楼街的形成产生了很大影响。

西关平原是指城垣以西的广大地区。西关平原上的河流都是由东向西流，整个平原东北部较高，称上西关，西南部较低，称下西关。西关土地的开发与利用启于宋代前后，上西关的开发较早，在明代，西关已发展成为有十八甫[15]"街圩"的商业区。"街圩"主要沿西濠及下西关涌（又名大观河）两岸发展，其西端的荔枝湾—泮塘是一处风景优美的水域，各代均建有园囿。

明代开始，就已在西关地区筑堤防洪，如《南海县志》称，"西乐围在城西二里许，基长一百五十余丈"，永安围"长一百四十丈，脚阔一丈，基面五尺五寸……，道光九年（1829年）六月新筑"。筑堤以后不仅可以防洪，而且还增加了城市用地。西乐围、永安围的修筑，给城市提供了大量的农业和居住用地。堤围一般多为南北走向，由于堤围的修筑使用地内低外高的问题比较突出，容易导致内涝，因此堤围内又设排水沟。排水沟多为东西走向，向西排水。堤围以内，开始是农地和村庄，后逐渐成为城市用地（图3-6）。

据有关资料，明末清初由于广州及附近地区盛产棉花和蚕丝，质量上乘，明末清初，这里已兴起织造业。据尚钺《中国历史纲要》称，"广州附近纺织工场在明末清初已有2500多家，每家手工业工人20人，而这些织造业多集中在西关"[16]。由于纺织业发展很快，所以西关许多农田成为机房区（图3-7）。纺织业的兴盛又带动了印染、制衣、制帽、鞋业、袜、绒线等轻纺行业的兴盛，西关日趋繁荣，人口日增。因此在机房区以西，大片土地被开发，以宝华街一带为中心逐渐形成了新的住宅和商业区。

兴建住宅区的主要业主，一类是经营纺织业的工商业者，他们致富后，就在其机房区的西边买地建房，另一类是洋行的买办，他们多在十三行珠江边工作，因此亦在此建房定居。经不断的开发建设，到同治光绪年间，这里已成为一个高级住宅区。其形态有如下特点：

图3-6
西关地区"图-底"图

图 3-7
外销画对西关纺织工场的描绘

从用地形态上看，和传统老城区一样，以商业街市为依托，在街市内部建造住宅，布局紧凑密集，商业用地和居住用地互为表里，难以界定。

从道路肌理来看，街巷平直，十字交叉，整齐有序，形成东西长南北向短的长方块，以适应向西南排水的需要。大街宽 4～5 米，小街 4 米以下，街中间为排水渠，渠面横铺长条块状麻石花岗石（见插页图 3-8）。

从建筑形态上看，区内主要以 2～3 层的"西关大屋"为主。"西关大屋"一般面积约 400 平方米，在平面上沿续传统住宅的手法，在建筑上用水磨青砖砌墙，用花岗石砌墙脚，内部装饰以满洲花窗为特色，大门有趟栊、脚门，瓦面叠 2～3 层，单层金字屋顶，采用密排梁结构，有小花园和高大围墙。此外，沿街兼有商业性质的住宅在外立面装饰上受西洋风格的影响，带有西式的洋门脸。

西关地区建筑以西关大屋最有特色，其住宅脱胎于传统的合院式住宅模式，同时又适应当时当地的经济活动、文化和消费模式，传统和新的思想意识、风俗习惯、礼仪生活情趣在特定的空间内以新的形式表现出来，表现了市井生活的沿续和发展。晚清时期，西关住宅区内居民主要有商贾、政要、医生、教师、名伶、侨属侨眷、外商买办等多种成分，人口素质较高，有稳定的收入和经济来源。尤其是海外归侨、过埠客商的进入，使得西方生活方式与文化内容也日渐增多，公共建筑、民居形式明显受到影响，所以在西关地区也修建了独立的花园洋房，如在昌华大街有豪华的住宅群，在街巷中也出现了单栋半独立式的私人住宅，如逢源大街的蒋光鼐私宅、敬善里的黄宝坚医生住宅等。在风景优美的地方，也建有私家园林。

河南是随着珠江平原淤积成陆、引来移民建村逐步发展起来的。明清中期，这里还是一片田园风光，清代诗人岑霍山诗云："珠江南岸晚云晴，处处桑麻间素馨。"清代中期，许多富商在此购地建宅园、寺庙，使该地区成为广州城市古典园林集中的地区之一，如洋商潘振承 1776 年在龙溪乡建宅园、洋商伍秉镛 1803 年在其东边安海溪峡购地建宅园等（图 3-9，图 3-10，图 3-11）。清代开始，在西关开发建设的同时，鳌洲岛、大基头一带也发展成为城市，这些地区的开发模式与西关地区实出同一模式（图 3-12），只是规模比较小。

图 3-9　商人府第

图 3-10　河南某私家园林

图 3-11　海幢古寺

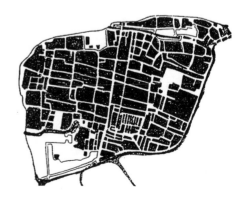

图 3-12　河南地区"图-底"图

第二节 西方资本主义深入影响的近代中期
（1911~1937年）

近代都市形态形成的条件

进入20世纪特别是辛亥革命以后，广州近代工业的发展速度明显加快。1900~1911年间，广州出现了第一个工业发展小高潮，先后出现了水泥厂、针织厂、文具厂、火柴厂、染织厂、织布厂、造纸厂、印刷厂、榨油厂等20个工业门类共33家工厂[17]。1912~1936年间，广州的工业得到了前所未有的发展，广州近代的大部分工业都出现在这一时期，其中火柴制造、纺织针织、橡胶、机器制造、榨油、碾米、水泥、自来水、电力等近代工业都得到了很大的发展。首先，这是由于辛亥革命的成功，在海外华侨中产生了强烈反响，在孙中山"实业救国"的号召下，华侨纷纷回国投资，极大地支援了广州近代工业的发展。其次，1914年第一次世界大战的爆发，使得外国商人基本上放弃了对广州的投资，同时外国对中国市场无法提供足够的商品，迫使中国自己兴办工厂，仿制洋货，这就为本地工商业主和华侨提供了一个发展的机会。特别是从20年代末到30年代中（1928~1936年），有"南天王"之称的广东军阀陈济棠在广州建立起了半独立的军事政权，与南京国民党中央政权分庭抗礼。陈济棠统治广东的8年间，社会相对稳定，加强了广东省的政治、经济、军事、文化等的建设，为推动广东以及广州经济社会的发展作出了积极的贡献。陈济棠主政广州时，非常重视发展地方实业，创办了一些省营大企业，对民间工业也采取鼓励支持政策，这些都使广州工业进入了一个发展的黄金时期。据统计，1932年广州的工业产值位居全国第二，1933年，广州工厂数量在全国几个城市中列第四，资本与产值均列第二[18]。

进入20世纪以后，广州的对外交通也得到了发展。广州传统的对外交通主要是靠水上船运和陆路人挑马驮，近代以后广州较早地发展了近代轮船运输业，省港澳轮船公司（1865年英国和葡萄牙合办）、太古公司、怡和公司、旗昌公司等都是开展轮船运输业务的专业公司。1936年开通了广州至越南河内的航线，这是第一条由中国人经营的国际航线。在铁路方面，1901年由美国合兴公司提供借款4000万美元，动工修筑粤汉铁路广东境内广州到三水路段的广三支

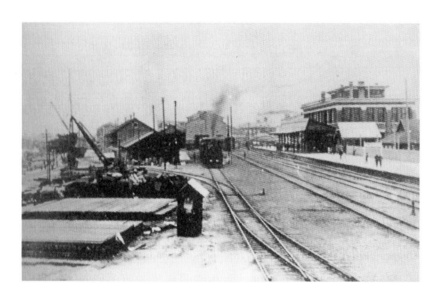

图 3-13
广九铁路大沙头站

线,至 1904 年广三线竣工通车;1906 年开始修筑广州至韶关段,到 1916 年通车;1907 年又动工修筑广州至九龙的广九铁路,长 142 公里,于 1911 年完工(图 3-13);到 1936 年粤汉铁路广东段和广九铁路都实现了通车。铁路的修筑,加强了广州同外界的联系。在航空方面,1923 年广东飞机制造厂生产出我国第一架飞机,1930 年广州到梧州的航班首次飞行,从而揭开了广州空中运输的历史。

在同一时期,依照西方银行原则组织和管理的中国人自己办的银行也开始在广州发展起来,广东银行、广州工商行、广州嘉华储蓄银行、广州东亚银行等七八家新式银行纷纷出现。西方先进的银行管理制度被介绍并逐渐运用于广州的经济活动中。交通的发展、银行业的发展,使广州步入了近代经济的发展轨道,表现在城市建设方面主要有商业的繁荣、市政设施的改善和房地产业的兴旺。

广州近代工业的发展促进了市场的繁荣,这一时期,惠爱路、新华路、太平路、长堤大马路、西堤等地的商业十分繁华,商铺多达数万家。根据政府部门的统计,1921 年广州的商铺有 34791 家[19],1923 年工商户为 30702 家,包括 130 个不同的行当,其中商铺数量最多的行业是建材装修业 2121 户,家具业 2070 户,酒米业 1747 户,饮食业 1539 户,金银珠宝业 1415 户,织造机房 1309 户,药业 1136 户[20]。1930 年广州店铺为 35926 户,1932 年为 32217 户,从业人员 24.5 万人[21]。一些近代的商业服务实体在广州出现较早,例如饮食业中的西餐厅、零售批发业中的百货公司、服装业中的西服业等。广州早在 19

世纪 60 年代已出现了西餐馆，其中以太平馆的历史最为悠久，到 1942 年，广州的西餐馆已有 119 家之多，西服店也有 52 家[22]。1852 年广州出现了全国第一家百货批发商行，1907 年广州又出现了全国第一家百货公司，到 1918 年广州已出现了 4 家大型百货公司——光商公司、真光公司、先施公司（图 3-14）、大新公司，其中先施公司和大新公司便是这一时期最负盛名的两家侨资公司，均采用西方先进的管理方法，以"经营环球百货"为口号，创造"不二价"的先例。大新公司除经营百货外，还兼营酒店、餐馆、游乐场、理发、照相、浴室、冰室等，成为了一个多功能的综合性商业实体。

总而言之，商业贸易这一广州经济的传统优势部门在近代也得到了长足的发展，与广州近代工业相比占有较强的优势，这也反映出中国近代城市经济结构中商强工弱的普遍特点。

随着近代工业、交通、商业的发展，广州的市政设施也有了改善。电力、电信、邮政从无到有，大大加强了广州同外界的信息传递能力，城市道路交通也有了很大的改观。

古代的广州城内人口众多，店铺林立，商业繁荣，城市内除惠爱大街、双门底街、四排楼外等几条官道外，其余的街道都弯曲狭窄，宽三五米，如遇贵人的轿子，路人需得及时闪避，否则不能通

图 3-14　先施公司

过。这种交通状况一直到20世纪初辛亥革命前并没有太大的改变。19世纪初，人们只是出于消防安全的考虑，主张临街的铺户新修房屋时，向后退2尺，以防火和保护路面。

最初的马路修建是洋务运动中兴建码头、修筑堤岸的副产品。1886年，两广总督张之洞为发展工业兴修了一个官府码头即天字码头，在码头附近修筑了一段长约1.5公里的马路。尽管这是广州新马路修建的开始，但修好这段马路后，就没有新的计划，直到20世纪初修建从东濠口到古西濠口的珠江堤岸时才又修建了一条长800多米、宽16米的马路，1911年这条马路延伸到沙面，全长960米。这条马路不仅路面宽阔（路宽13～15米），而且沿路种植了各种树木，路面为花砂路面。这种马路和旧式街道完全不一样，它质量高，环境好，适合新式交通工具的通行，所以逐渐为市民所接受和欢迎。

到民国初年，机动车辆在广州已经比较多，有数千部东洋车，城里也有了机动的出租小汽车，当时一些从马来西亚归来的司机和华侨集资，在香港购进了几部旧汽车，修理后便在广州开始了运营。到"五四"前夕，广州已有20多部这类小汽车，加上政府的小汽车，广州已有机动小汽车50多部。但是这些机动车在旧城弯曲狭窄的巷道里很难通行，再加上城墙的阻隔，交通更为不畅。因此，兴修马路，破除城墙，促进市内道路系统的更新成为一个紧要问题。

1918年广州市市政公所成立后，即决定拆墙修路，这是近代广州第一个大的市政建设工程。

这一工程的实施受到一定的阻力，但市政公所没有动摇，在短短的时间内有4000多铺户因修路而拆迁。这一工程拆除了广州明代形成的城墙和13个城门，利用城基修建新式马路，这条马路宽25～33米，长10公里（图3-15）。千百年来的城墙消失了，这样传统的城市形态肌理不复存在，近代工业交通的发展，使城市形态产生了质的飞跃，这一工程标志着广州城市的发展完全突破了旧有的封闭状的城市形态，现代意义上的城市形态在地域上的转变基本上完成了。

道路的发展与交通工具的发展是同步的。1922年，加拿大华侨蒋寿石等集资筹办了广州市公共汽车公司，后来广州市的第一批公共汽车被市民叫做"加拿大"。公共汽车速度快，价格便宜，深受市民欢迎，到20世纪20年代中期，广州已有30部14座公共汽车投入运营，分红黄绿路线行驶（图3-16）。除了公共汽车外，广州还出现了各式卡车、摩托车和自行车，仅1930年到1932年间就进口了

526辆车[23]，到1936年，广州市有各种机动车辆1100多部、摩托车80余部、自行车11000部[24]。

图 3-15
在被拆毁的城墙上修路

图 3-16
公共汽车

广州电力的发展，始于19世纪末，到1901年，广州外城约有六成的街道已装有街灯，一些商店还配有私人发电机。1909年政府成立广东电力公司，该公司的供电范围包括广州城内、河南、沙面和西关部分地区。到1940年电灯的用户达11218户[25]。

古广州居民用水一方面是依靠人力从珠江或湖泊挑水，另一方面在城内分布许多水井，有的水井为一户独用，有的为多户共用。

近代以后广州出现了自来水公司。第一家自来水公司是于 1901 年创办的,到 1909 年底,广州城内的主要街区都安装了自来水管,总长度达 75 公里[26](图 3-17)。

图 3-17　增埗水厂

图 3-18
邮政局大楼

图 3-19
广州自动电话总局

广州的邮政事业是从 19 世纪末逐步发展起来的。古广州居民的信件投递,多通过民间的信局投递。1897 年 2 月,大清邮局委托广州海关开设了第一家邮政局,到 1901 年,广州有 9 个邮政局和 23 个邮政代理处(图 3-18)。1882 年,广州开始架设穗港间的陆路电报线,1883 年电报线开通,1947 年,广州的无线电报线路已接通 16 个城市,有线电报线路已接通了 12 个城市[27]。广州的市内电话出现于 1903 年,初时主要供官署使用,后扩大到普通市民,1911 年已有总局、西关、南局3个电话局,电话总量达2700门。1932年,广州街头出现了公共电话亭,随后又开通了无线电长途电话(图3-19)。1929年,广州电台正式开始播音,从此广州城市上空有了音乐和声音[28]。电报、电话、电台这些设施对一个百万人口的大城市来说,显然太少,只有少数人才能享受,但它们的出现毕竟把广州带入了一个信息传递的新时代,其市政设施的逐步现代化为广州城市的发展奠定了基础。

广州至少在19世纪初已出现了房地产的买卖行为。由于当时对外经济的发展,城市人口增加,城市用地紧张,城市中出现了大量二三层的"竹筒屋"式的低层高密度住宅,底层作店铺,二楼以上自家多余的住房可以出租或出售,但这些出租或出售量小面窄,还远远没有具备现代意义上的资本主义的房地产的经济功能。进入20世纪后,随着城市经济的再度复苏,商品化的房地产开始出现,房地产市场逐渐形成。

广州近代的房地产业几乎都是华侨投资的。这些华侨当时为了生活所迫,漂洋过海,寄身异国,辛勤做工后虽有所积累,但身边无亲人,国内亲人又不能带出去(如美国于1924年通过一个《国籍法》,内有一条规定:美国公民的中国籍妻子也不能进入美国)。在这种情况下,海外华侨只好汇款回家乡买屋安置家眷和准备将来自己还乡的归宿。老一辈的华侨,大都有"落叶归根"和"光宗耀祖"的想法,所以选择广州作为投资的地点。

20世纪20年代末到30年代,广州人口增长很快。1932年的《广州人口调查报告》的数字表明,广州全市的人口为1122581人,比1928年市公安局统计的811751人增长了31万人,增长了38.3%,人口的增长使市内各种房屋的需求量大大增加,因此出现了投资房地产的利润高于其他行业的现象。二三十年代,广州的置业利息最低为八厘到一分,最高的一分以上,而以实业资本为周转的银行利息却低二厘到一厘[29],投资房地产不但比银行的利润高几倍,也比民营工业高一些,所以华侨热心于此。

1915年,美洲华侨黄葵石等组织了大业堂,买得城郊东山龟岗一带的荒地18亩多,开辟了四条马路,经营地皮买卖,然后分段出售,同时兴建房屋出售。由于买地建房出售有利可图,引起了其他华侨的兴趣,华侨杨远荣、杨廷霭也出资掘平在龟岗岭附近的江岭小丘,修筑江岭东西街,大建楼房。接着,钟树荣等开辟广成路一带土地,并先后建筑房屋。1919年张立才等组织嘉南堂,受华侨委托买下大片土地,并以低价购买拆下的广州城墙的旧砖,在龟岗五路及庙前西街兴建房屋。1922 年，华侨开始在共和村购地建屋，经过十来年的开发，东山区由一个郊野变成了繁华的市区。

华侨在东山区投资房地产业的成功，使华侨着眼于全市的投资，如 1924 年美国西雅图的华侨陈汉子等人创立民星公司，用 7 万美元购得了广州市惠福路原南海县一地段，开辟街道，名为民星新街，建楼房 40 多间，接着在纸行路建了侨星新街，在中山七路建了侨兴新街。

由于华侨在不同时期对广州市房地产进行了投资，致使侨房遍布全市各处。1923 年全市工商业户数为 30702 家，包括 130 个不同的行当，其中商铺数量最多的行业是建材装修业 2121 户，其次是家具业有 2070 户，这也从一个侧面反映了广州房地产业的繁荣。房地产业的繁荣，无疑推动了城市形态变化的过程和速度。

尽管从早期古代学人的著作文献中我们可以找到许多有关城市选址、城市形态、城市布局等内容的精彩描述，如图 3-20 就是 1665 年一位法国人对广州城市形态的描绘，但就世界范围来看，现代城市规划发端于 19 世纪末 20 世纪初。1909 年，美国哈佛大学聘请了第一位城市规划教授，1923 年，又实施了第一份城市规划的专业学位大纲，城市规划作为一门独立的研究和指导城市建设的学科从此从建筑学领域中逐步形成、发展而分离出来。其内容主要集中于四

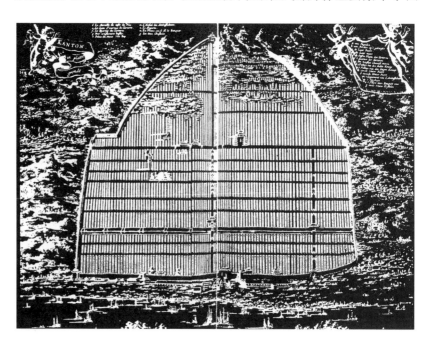

图 3-20
1665 年外国人描绘的广州城市

个方面,即城市土地使用的配置、城市空间的组合、交通运输网络的组织、政府政策的制定和实施[30]。

欧美城市规划理论传入广州的途径主要包括向老百姓介绍外国城市规划设计的优秀实例、传播欧美国家的城市规划理论、聘请外国专家担任城市设计工作等。1923年后广州市政公报上就有多篇译文或评论涉及到这些内容,如《美国巴尔梯姆采用之都市计划》、《万果园林都市设计会简章》、《田园市论》、《欧美都市设计之新倾向》、《都市设计之经济的价值》、《最近欧洲的房屋政策》,等等。这些新的理论不仅使广人眼界大开,而且逐步形成了当时广州城市建设的主要指导思想。

1927年,市政公报上发表编者文章,认为"都市的设计分为新都市的设计和旧都市的改建两种","广州属于后者,不属于前者",并认为"旧都市的改建于新设施之中又须顾及旧时的形式和市民固有的权利,因此诸多棘手,只能就局部加以改良,不能作大规模的建设",而"新都市的设计全出人为,区域易于划分,路线易于规定,技术的意匠得以完全表现"。可见,这时广州的城市建设思想,分两种情况区别对待。

在旧城改建方面,首先是增加和改良其基础设施,其次是结合基础设施的改建就局部的建筑加以改良,不作大规模的建设,再次就是新的建设必须考虑到传统的形式和市民的要求。

在新城开发建设方面,受现代主义思潮的影响,主要体现了一种物质形态的规划思想。1936年广东省立襄勤大学建筑系学生创办了《新建筑》杂志,主张反抗现有因袭的建筑样式,创造适合于机能性、目的性的新建筑,反映了世界上现代主义建筑潮流的影响[31]。抗战爆发后,《新建筑》在重庆复刊,明确倡导现代主义建筑,城市规划与现代建筑运动紧密结合,在规划中主张体现技术的意匠。

这些理论的引入和运用,很大程度上解决了当时城市发展面临的问题,使城市环境得到了改善,城市形象逐渐有序,城市得到了较大的发展。

从20世纪初开始,广州逐步有了正式的城市建设管理部门。古代广州的城市管理基本上是中原城市的移植。同中国古代其他城市一样,广州城市居民从来没有取得过西方城市所具有的自治权利,在行政管理上,城市通常隶属州县的管辖,城市的日常事务由知府县令一类的"父母官"掌理,与普通居民无关。清代广州的地方行政管理,实行城乡合治,城市是各级官衙的所在地,在大城市往往几个地方行政衙门同驻一城，这些同城的官署对城市的管理职权不明。广州作为岭南的中心城市，有四层权力重叠在一起，驻广州城内的主要行政官员包括两广总督、广东巡抚、布按两司、广州知府及两个县官（南海县与番禺县）等。这些大小官员，均有权干预本城事务。但在众多的官员中，却没有专职的、职责明确的城市建设管理官员，城市的日常行政管理事务主要归南海县与番禺县两个县官分理，但二县均为省城附郭县，且辖境辽阔，人口众多，县官既要处理全县事务，也要分管属于其境的半个广州城，其政务的繁杂可知。再加上晚清以后由于回避制度的关系，州县官员任期普遍缩短，例如南海知县从光绪四年至三十四年的三十年间，换了28任，番禺知县从光绪至辛亥革命的三十七年间也更换了29任。面临繁重的城市管理事务的城市行政主管官员如此频繁的更换，其行政管理效能必定大打折扣。

随着城市人口的增多，广州作为一个人口稠密的大都市的社会问题日益显现出来。在这种情况下，官府的控制能力已经远远不足，因而各种各样的民间社会团体应运而生，并且在参与城市及社会管理的过程中逐渐壮大起来。为适应广州城市社会发展的需要而迅速兴起并对城市社会控制发挥较大作用的民间团体主要有清濠公所（文澜书院）、商人行会及慈善团体。其中清濠公所主要管理城市濠渠，为常设性的维护清理濠渠的民间机构，是1810年广东布政使组织重修和疏通西关各濠渠后，十三行的四大洋商与其他西关绅士创建的，以西关十二间公屋为公所地址并出租生息供疏濠之用。与此同时又以余屋设文澜书院，作为绅士会文叙集之地[32]。晚清的广州名流，许多都是其成员。

辛亥革命以后，广东都督胡汉民设立工务司，计划拆除城墙，改筑新式街道，但因当时广州政局不稳定，战乱频繁，计划未能实现。至1918年10月，广州设立市政公所，负责以上事务，开展了市政建设和房地产管理等工作，初具城市建设管理的部分职能。这是广州新的市政体制的萌芽，为广州建市做了重要的准备工作。市政公所中分有四个科，其中工程科负责各项市政建设。

1920年9月，陈炯明率粤军返粤，以总司令兼省长身份首倡地方自治，认为广州为全省行政中枢，原来设立的"市政公所管辖范围太狭，除拆卸城垣、辟宽街道外，一切未遑计及，未足以言市政"[33]。随后设立广州市政厅，管理广州市政。1921年2月15日，《广州市暂行条例》公布实施，广州市政厅成立，标志着广州正式建市，孙科为广州市首任市长。市政厅下设财政局、公安局、工务局、教育局、公用局、卫生局，工务局负责全市的规划建设，程天固为局长。程天固又名天顾，1898年出生，是广东香山县人（中山县），获美国加利福尼亚大学硕士学位。

广州市城市规划设计专门机构始建于民国17年（1928年），是年12月，广州市城市设计委员会成立，掌管全市规划设计事务。1949年前广州城市建设管理及设计机构设置情况见表3-1。

近代广州市政机构设置一览表 表3-1

成立时间	机构名称	组织形式	职能	备注
辛亥革命后	工务司		计划拆除城墙，建筑新式道路	广州都督胡汉民设立
民国7年（1918年10月）	市政公所	设总办、坐办职	负责拆除城墙，规划街道等市政建设，负责房地产管理	
民国9年（1920年9月）	市政厅		管理市政建设	陈炯明以省长身份首倡地方自治，遂设立市政厅
民国10年（1921年2月）	工务局		管理市政建设	广州正式建市，广州市政厅成立，下设工务局等六局，程天固任局长
民国10年（1921年）	工程设计委员会		负责各种工程的规划设计	
民国11年（1922年）	建筑审美委员会		负责审定涉及市容美感的公共建筑设计	
民国15年8月（1926年）	土地局成立		办理土地登记、测量、调查、估价、征税等业务	属市政厅，民国26年5月改名为广州地政局
民国17年12月（1928年）	广州市城市设计委员会成立		负责全市的规划设计事务，拟定城市改造的全面计划等规划事务	是广州市第一个专门负责城市规划的机构，民国18年12月撤销
民国20年10月（1931年）	广州市设计委员会成立		主管城市规划设计	民国26年改为广州市政府设计委员会
民国22年（1933年）	辟路审定委员会			
民国23年（1934年）	地籍图册编订处		编制广州市地籍图	
民国35年10月（1946年）	都市计划委员会		负责市区现况改造等全市性建设发展计划	

广州城市建设管理部门最初是为拆除城墙和市政设施改造而设置的，20年代随着城市建设的兴旺繁荣，市内的新建筑日益增多，城市建筑市场比较混乱，有人说"绘制图纸，相互抄袭，潦草塞责"，在施工过程中责任不明、分工不清、不照规划要求的情况也累有出现。因此城市建筑的管理也逐渐成为重要的内容。

广州从30年代起开始试行登记工程师制度，同时也制定了一系列的城市建设管理章程。如在设计图方面要求建筑报建，并对图纸的内容规格等方面都有要求，"报建图则篇幅，如超过两页以上，务须装订，平面图、正侧视图、纵横剖面图、大样图按一定的次序，先后排列"；在丈量和设计尺方面，统一历行公尺制；在工程质量的监测方面，实行初勘复勘制度，"初勘为呈报建时的查勘。建筑地址及面积、街道的宽度均于初勘时查明，复勘为建筑已完成查勘，主要内容有建筑工程是否稳固，建筑内容有无违章"；在城市美化方面，设立建筑美术方面的审查会，"将全市的干道，择其地点，指定为美化马路，取缔两旁的铺屋，须有美术规划，方准建筑，或由委员会制定美术建筑图案"；其他的还有涉及到建筑承建匠、报建说明书等多方面问题的规章要求等[34]。

广州近代城市建设管理部门，从无到有，在城市近代化的过程中起了很重要的作用，从市政的改善、城市规划的编制到建筑的管理初步建立起了一套较完整的工作程序，标志着城市建设水平的显著提高。

近代都市形态发展计划

广州是中国近现代革命的策源地和民主革命的大本营，三元里人民在这里打响了反抗帝国主义侵略的第一枪，它是两次鸦片战争的主战场，是近代林则徐"开眼看世界"和康有为维新思想的发源地，也是第一次国共合作的所在地和北伐战争的基地，孙中山三次在这里建立了革命政权。林则徐、康有为、孙中山等先进人物的思想对广州城市形态的演进都产生过积极的影响。

南方大港计划是孙中山先生提出的。辛亥革命以来，孙中山先后进行了"二次革命"、"护国战争"、"护法运动"等重大的斗争，结果完全落空，孙中山感到未来渺茫，只能希望通过专心著书，来"启发国民"、"唤醒社会"。此时，第一次世界大战结束，孙中山先生认为这是一个千载难逢的良机，可以通过国际协作或国际联盟来组织进行大规模的基础工业建设，特别是交通业，以完成中国经济近代化的过程。基于这种认识，1921年孙中山完成了一部以中国基础建设为主的专著——《国际共同发展中国实业计划》。《实业计划》共包括六大计划，其中第三计划提出"南方大港"计划，即将广州建设成为世界大港的城市发展计划。

孙中山在第三计划一开始就指出："广州不仅是中国南部之商业中心，亦为通中国最大之都市。迄于近世，广州实为太平洋岸最大都市也，亚洲之商业中心也。中国而得开发者，广州将必恢复其昔时之重要矣。"围绕这一目标，孙中山把建设"南方大港"的位置选在黄埔深水湾一带，并规划建设一个由黄埔到佛山，包括沙面水路在内的新广州市。其内容包括：新广州市的商业区规划在河南岛，工业区分布在花地至佛山之间，码头在后航道至黄埔一带建设。孙中山还提出了填塞广州城河北与河南之间的水道（即前航道），其范围自河南头填起直至黄埔岛，"以供街市之用"，规划把广州建成一个花园城市。"新建之广州市，应跨有黄埔与佛山，而界之以牙卖炮台及沙面水路，此水以东一段地方，应发展之以为商业地段，其西一段，则以为工厂地段。此工厂一区，又应开小运河以与花地及佛山水道互连，则每一工厂均可得到有廉价运送之便利也。在商业地段，应副之以应潮高下之码头，与现代设备及仓库……""广州附近景物，特为美丽动人，若以建一花园都市，加以悦目之林圃，真可谓理想之位置也……夫自然元素有三：深水、高山与广大之平地也。此所以利便其为工商业中心，又以供给美景以娱居人也。"为了把黄埔建成"南方大港"，孙中山提出了一系列配套计划与整治航道措施。首先，浚深黄埔至伶仃岛出口航道，修筑水底范堤及水坝，使远洋巨轮进出黄埔畅通无阻；其二，改良广州水路系统，通过对东、西、北三江和河汊的治理，沟通广州、黄埔与广东、广西、云南、贵州、湖南以至长江的联系；其三，建设西南铁路系统，以广州为起点，兴建广州至重庆、成都、云南、广西等7条铁路，将广州与西南地区所有重要城市与矿产地联系起来，使之成为南方大港深远广阔的经济腹地。

时局的发展并没有如孙中山先生所料，这一计划只是成为了一个美好的蓝图束之高阁，但其在黄埔建港以及花园都市的规划思想影响及今[35]。

《广州工务之实施计划》及《广州都市设计概要草案》是广州近代城市发展中两部重要的规划，对广州近代城市的发展起了重要的作用。如果说1918年拆除城墙从地域上完成了城市近代化的过程，那么这两部规划就是城市空间形态方面城市走向近代化具体的、系统的实施计划。

民国18年(1929年)广州市政府公布了《广州市政府施政计划书》,在此基础之上,民国19年(1930年),工务局局长程天固编著了《广州工务之实施计划》,提出了广州市城市建设计划。该计划比《广州市政府施政计划书》更全面、更详细地涉及广州市区的地志、旧城改造与新区建设,以及城市道路、港口、城市公共设施等建设计划的内容。其要点包括确定广州市区界线、功能分区、发展河南、道桥建设、内港及堤岸建设等,此外,还对全市的渠道与濠涌的整理、公共建筑、娱乐场所及公园等建设进行了规划。

民国21年(1932年)8月,广州市政府公布了《广州市城市设计概要草案》,这是广州市城市规划历史上的第一部正式的规划设计文件(图3-21)。其主要内容包括:在城市总体布局方面,将全市地域划分为工业、住宅、商业、混合等4个功能区。其中工业区分布在临江一带,如西村、石围塘东南部、牛角围、牛牯沙、罗冲围等处。原有的商业区设在旧城区内,新辟的商业区设在黄沙铁路以东、河南西北部、东山以东省府合署地点以西一带。住宅区分为两种,一是风景优美的住宅区,分布在河南中、北部,东山以东一带以及车陂东部、白云山至飞鹅岭之东南麓等处;二是工人住宅区,主要分布在与工业区毗邻的地方,如市西面泮塘、芳村、茶窖等地。旧城区规划保留为混合区。城市内部道路规划方面,确定了市区干道,分为直达干线和环形干线,依据所在不同的区域及道路等级而定,一般分为大道、干道、一等街、二等街、三等街五个级别,各级宽度分别为30~40米、25~30米、20~25米、15~20米、10~15米。当年11月,广州市政府还公布了广州市道路系统图,确定系统的形式为棋盘式,规划河南刘王殿附近为新市区中心,其南北干线为子午线,东西干线用以联络粤汉铁路与黄埔地区,环形干线用以联络市区各纵横干道及河北、河南、芳村、大坦沙一带。对外交通规划方面,规划黄埔港为广州的外港,白鹅潭一带为内港,石围塘至下芳村一带的堤岸,规划建设码头、仓库,停泊来自上海、厦门等埠的轮船。黄沙一带的堤岸,拟建码头仓库,停泊港澳轮船及四乡轮渡,大涌口一带停泊其他各项运输的小汽船,沙

图 3-21
广州市第一部正式规划设计文件

面至大沙头一带不宜多泊船，以免阻碍河道交通及附近一带的风光。规划接通粤汉、广三两条铁路，经过牛牯沙岛，建两座跨江桥梁。另由石围塘经上芳村至白鹤洞设一条单轨铁路，以便于沿河货物的运输，黄沙火车客运站改为货站，沿黄沙堤岸兴建码头，以利水陆联运，新火车客运站设在西村省立一中的东南，民用机场拟建于河南琶洲塔以东及市西北部牛角围以北的地方。基础设施（水、电）规划方面，规划新建水厂和电厂，新水厂拟定在市西北松溪一带，新电厂择定在西村士敏土厂之北或牛角沙以南。

在这部规划的指导下，全市到1936年共修建新式马路134公里（图3-22），最宽的白云路路面宽50米（图3-23），对全市的内街进行了整治改造。当时，广州全市的内街街道有6000多条，街道纡曲狭窄，对于消防、卫生和交通均不利，同时房屋很不整齐，景观混乱，规划以后按因地制宜的原则先后完成整理、扩宽内街街线共计有1350多条，港口、码头、仓库等的建设工作也相应配套，从内港堤岸起到海珠桥止，共计建设码头数十座。

按规划，建立了西村工业区和河南纺织工业区。在近代以前，手工式的工场作坊遍布全城，人们可以自由选择居住和经商的地方，行政办公区与居住区、商业区和工业区无清楚界线。这次规划使广州城市形态布局中有了明确的功能分区思想。西村位于广州的西面，由于广州一年中的主导风向为东南风，因此这个地方是广州市的下风方向，在此建厂有助于使商业居住远离工厂的烟尘。西村主要建有自来水厂（始于1905年）、电厂等。河南由于水运条件好，从20世纪初以来也逐步发展有了些工厂，1900年兴建的明兴进出口贸易行后改为明兴制药厂，占地2.09万平方米，建筑面积达1.62万平方米。广州电池厂建于1928年，占地5.59万平方米，建筑面积达4.45万平方米。30年代以后建立的广东纺织厂，占地13.8万平方米，建筑面积7.45万平方米。1936年又建了广州汽轮机厂，占地6

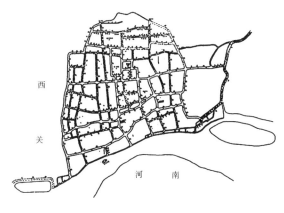

图3-22
广州市近代马路修建图

图3-23
新辟的白云路

万平方米，建筑面积 5 万平方米。

经过城市道路的修筑、旧城内部传统街巷的改造以及港口码头的修筑，旧城的丁字形街巷肌理几乎为现代方格状的城市街道所取代，旧城区道路与东山区西关区道路基本上联为一体，现代化的道路与港口码头联为一体，广州现代城市形态格局基本上形成了。西村和河南工业区的发展，使城市突破了旧有的核心状的用地发展形态，城市用地开始在市区外围沿交通线发展。坡屋顶的清水砖墙厂房、高高的烟囱开始改变了当地乡居茅舍、榕树村头的田园风光。

在城市市政建设和城市向外围拓展建设工业区的同时，城市内部的空间形态也逐步改变，呈现出地域性多样化拼贴倾向。

多元拼贴的城市空间结构形态

多元拼贴代表了广州近代城市总体空间结构的基本特征，广州近代城市空间结构大致由演变中的旧城区、城市行政中心区、新式商业空间、东山区及其他物质空间形态拼贴而成(图 3-24)。

由于广州是一个商业都会，旧城区中除少数官府衙门建筑、文化宗教建筑外，大部分是居住和居住性商业建筑竹筒屋。随着旧城马路的修建，西方技术的引进，混凝土开始普及，传统的竹筒屋发生了很大变化，这种变化表现在技术结构和建筑造型等方面。竹筒屋由单独户变为多层的分户式住宅，沿街的竹筒屋随着马路的扩建，迅速地被跨人行道的骑楼代替，每幢骑楼作横向连接成为骑楼街。

有人考证，世界许多地方都曾出现过骑楼，在地理气候相似的东南亚城市中许多城市都有类似的骑楼街，如福州、厦门、泉州、台北、台南、淡水、汕头、潮州、开平、北海、海口、新加坡、吉隆坡等，但就其规模、建筑质量、装饰水平而言，能超过广州者不多。二三十年代，随着马路的修筑，仿佛一夜之间城区内几乎所有的商业街道都变成了骑楼街，如双门底街(今北京路)、上下九路、长堤路、中山路、沿江路、仓边路、人民路、大南路、解放路、一德路、六二三路等都变成了骑楼街(图 3-25)，大有覆盖全市道路的迹象。出于对市容美化的考虑，市政当局不得不作出一些马路不准建骑楼的规定，并有《广州市内不准建筑骑楼之马路表》，要求建骑楼的地段必须是商业繁盛之地，并且街道两旁多是沿街之店铺；街道狭小且没有充分绿化的地方可以建骑楼；已经有骑楼存在的街道可以继续建骑楼等，没有建骑楼的地方需种植行道树，以美化都市。

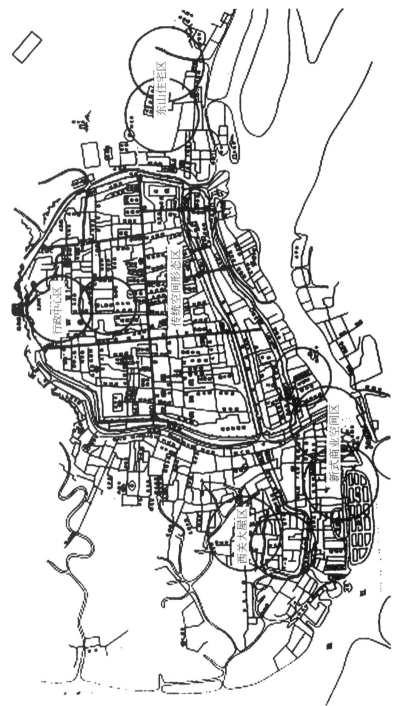

图 3-24 广州近代城市空间结构形态图

第三章 广州近代城市空间结构形态演进

图 3-25-1　西堤一带

可以说，骑楼是竹筒屋"下铺上居"形式的变体，两者在平面功能上大体相同，首层用作商店，二楼以上多为住宅，只是二层以上的住宅部分建筑跨越人行道，建筑层数多四五层。立面造型上带有各种"洋式店面"，如西方建筑中的拱券、柱式、雕饰水平矮墙和栏杆女儿墙，巴洛克风格的折断的山花及檐部等等。骑楼底层空间高4到6米，可以庇护人们不受阳光曝晒和突如其来的暴风雨的侵袭，商品货柜也可避免斜风飘雨侵蚀和烈日直射变质，可以改善店铺的光热风等物理环境，为人们提供一个全天候的购物和通行环境。骑楼商业街剖面图反映了三种不同性质的空间形态，即室内空间、过渡空间和由骑楼柱界定的露天公共或交通街道空间，立足这个街心可以看到别无相同但却具有风格、尺度、色彩极其统一的建筑立面，整个街道具有强烈的连续性和透视感。过渡空间是骑楼底下柱廊内侧的空间，既是每一店铺室内空间的外延，也是栋栋相联、户户皆商的有房盖的人行道。这种空间形态既有室内空间的性质，又有室外空间的氛围，缩短了商家与行人、商品与顾客的距离。因此这种形态的商业街在广州一经出现，就大受欢迎，即刻遍布开来。每隔一定距离有一些与骑楼街相交的次街和巷道，这些正交的次街和巷道不仅不影响骑楼街的整体形态，而且还连通了内部的生活居住区，使骑楼街线型的空间向横向扩展到一个区域，并与另一条骑楼街相联，从而构成整个旧城区大部分地区的形态。由于骑楼街具体的建造过程是每一户根据自己的经济力量及需要出资，在街道旁购地建设，因此每一铺户的面宽不等，建设的速度也不一样，因此造成有些街道的骑楼很整齐，建筑质量较好，而有的则参差不齐，建筑质量有好有差。

总而言之，在近代化的城市形态空间转换中，旧城区传统的竹筒屋为带有"洋式店面"的骑楼所代替，并形成了新一轮的骑楼商业街形态，建筑层数由二三层变为四五层。但是这一地域居住和商业混杂、彼此相连、小面宽、大进深、高密度线型分布的商业空间形态以及平平的天际线仍旧保持没变。

广州老城以双门底、拱北楼（正南门）、广州府衙、越秀山一带为城市中心区，清代的布政司、府衙、书院、城隍庙、关帝庙、府学等政治、文化、宗教建筑都布置在这一地带。由于广州在中国近代史中的特殊地位，广州城市的政治功能加强，1928～1936年，在原城市政治中心区陆续修建了中山纪念堂等建筑，形成了以越秀山中山纪念碑—中山纪念堂—市府合署—中央公园为轴线的新的城市政治行政中心（图3-26）。

图 3-25-2　靖海路

新的行政中心的建筑均采用"中国固有式"形式。国民党一次全会以后，强化了自我的民族意识，反映在建筑上就是将"中国固有式"建筑形式作为一种创作的原则，要求建筑师必须体现。这种思潮在广州尤盛，除政治中心的建筑设计采用这种形式，图书馆、学校均采用这种形式。中山纪念堂为吕彦直设计，以清代宫殿建筑的比例为蓝本，重檐歇山顶，正南为七间，朱红色柱廊，东西两面为单檐歇山顶，四面环抱中央八角的尖顶。广州市府合署由林克明设计，立面形式采用中国建筑形式，建筑主体立于台基之上，外观两层，三段式构图，重檐顶。

图 3-25-3　中山路

新的行政中心的建筑不仅采用"中国固有式"的形式，而且建筑群布局沿中轴线严格对称，与此同时，在建筑群中还加入了城市广场和城市公园等新的城市要素，形成从越

图 3-25-4　北京路

第三章　广州近代城市空间结构形态演进　87

图 3-26
广州政治行政中心

秀山到中央公园地势逐步下降、空间有收有放的城市空间形态。

在老城区骑楼遍布大街小巷、"固有式"建筑为主体的新的行政中心形成之际，在沿江西路到沙面一带，出现了一批以爱群大厦为代表的新式旅馆、办公、金融、商店等大型公共建筑。沿江西路西堤一带在19世纪上半叶是外国商馆"十三行"所在地，沙面小岛从19世纪中期成为租界地后，建起了各种西方殖民风格的领事馆、银行、教堂等建筑，有哥特式建筑风格的天主教堂石室，在沿江西路有 1913 年英国建筑师迪克（Dick）设计的西方新古典式建筑风格的广州海关和同为该风格的广州邮局（图 3-27）。这一区域的建筑及城市形态明显受到西方建筑风格和同时期欧美城市设计风格的影响，爱群大厦就是其中的代表。爱群大厦由中国建筑师陈荣枝、李炳垣设计，于 1937 年落成，它是一所经营保险业又兼营旅馆业的大厦，高 64 米，14 层，外观强调竖向构图，设以仿哥特式窗，深色饰面，简洁明朗，南面向江面开敞。其他的建筑还有如大新公司、新华酒店、新亚大酒店等。大新公司是广州市第一座钢筋混凝土框架结构的高层建筑，楼高 12 层，高 50 米，一至七层为百货商店，八九层及天台是游乐场。这些建筑底层多采用高敞的新式骑楼形式，上面是西方新古典风格，建筑显得高大气派。由于这些建筑高度不同，因此形成沿江一带高低起伏的城市轮廓线，西方风格的高楼大厦以及大厦前面沿江边设置的供市民休闲观景的步行道，都使这一带不同于传统的商业空间形态，而形成较为开敞的城市空间形态。

东山原属番禺县鹿步司，是广州城东门外的一片郊野。由于城市经济的复苏，城市人口的增多，为解决大批中外人士的居住问题，不得不寻求新的发展用地。1915 年华侨开始在东山龟岗一带经营房地产，到二三十年代，政府参照西方国家在战后改良住宅的做法，在东山区也进行了大规模的高级住宅区的建设。民国 17 年（1928 年），广州市政府公布《修正筹建广州市模范住宅区章程》，随后，供有钱人居住的模范住宅区规划相继出台。

建筑师邝伟光规划设计的住宅区为东山住宅区的典型，规划确定了模范住宅区的范围及用地的功能分区。全区规划新辟、扩宽道路 11 条，按其宽度划分为五等[36]，并确定各级道路的横断面，区内道路曲折。规划区内设置公共建筑项目有：小学、幼稚园、礼堂及图书馆、儿童游乐场、网球场、公园、公共厕所、公共电话所、消防所、水塔及水机房、市场、电灯等 13 项。全区分为五个地段，规

图 3-27-1
20 世纪 20 年代长堤风貌

图 3-27-2　圣心教堂

图 3-27-3　爱群大厦

图 3-27-4　大新公司

图 3-27-5
粤海关大楼

划兴建住宅514幢,层数不超过3层,按其面积大小分为4等,其中甲等63幢、乙等262幢、丙等130幢、丁等59幢。住宅多为独立式2~3层的小洋楼,带有厨房、卫生间和小花园,建筑平面布局和立面造型都受外来影响,建筑环境幽静。

东山住宅区的开发,使广州近代的城市形态在东部和西部出现了对照。东山区是布局疏散的花园洋房,西关区是密集暗潮的合院大屋,所以有"东山少爷,西关小姐"、"南富北贫"之说,这不仅表明了一种社会现象,也印证了广州城市空间结构多元拼贴的特点。

由于近代工商业的发展,城市功能由封建的自给自足经济向半殖民地半封建的资本主义经济过渡,以前的宫署、寺院、祠堂、民居、工场、作坊、会馆、公所、衙署、公廨、银楼、钱庄、茶楼、饭庄、戏院、书院、店铺、市场等,在近代以后,有的逐渐消失了,有的改头换面了,也有的继续发展了,同时也出现了新的城市建筑类型。行政建筑如政府官署、领事馆、海关、洋行,工业建筑如工厂、矿山,宗教建筑如教堂,金融建筑如银行、交易所,商业娱乐建筑如商场、百货公司、饭店、旅馆、影剧院、娱乐场,文教卫生建筑如学校、医院、图书馆、博物馆,交通建筑如火车站、航运站,居住建筑如新式住宅、公寓,纪念建筑如纪念碑、堂、墓,等等,这些功能不同的城市建筑类型的出现,极大地改变了城市原有形态。

除了前面所涉及到的行政类建筑、金融商业类建筑、居住建筑等以外，广州在近代兴建的数量最大的还有文教卫生类建筑。从19世纪末到20世纪20年代，先后出现了培正中学(1889年创办)、培道女中、真光女中(1872年创办)、广州协和神学院、岭南大学、市立第一(1929年)、第二(1930年)中学、襄勤大学(1933年)等大批学校，出现了卫生检验室(1932年)、市立育婴院(1932年)、市立传染病院(1932年)等建筑。

岭南大学的总体规划由墨菲(Henry K. Murphy)完成[37]，校园规划深受美国20世纪初学院派的影响，强调整体布局形式，建筑围绕中心广场布置，具有严整的轴线，具有庄严感和纪念性。图书馆位于轴线的一端，成为总体布局的主导建筑，突出了以图书馆作为校园中心建筑的学术性象征地位(图3-28)。襄勤大学由岭南著名建筑师林克明设计，风格也深受影响(图3-29)。

另外，近代的广州是中国革命的策源地，由于近代许多重要的革命历史事件都发生在广州，因此这一时期广州修建了许多纪念性的建筑和构筑物，重要的有黄花岗烈士墓、纪功坊、碑亭、十九路军墓场等，有的构筑物及周边环境还成为广州标志性的地区(图3-30)。

广州近代的建筑创作从总体上来说，基本上以1926年为界，在此之前的建筑创作主要以外国人为主，而在此以后的建筑主要以中国人为主，杨锡宗、陈荣枝、余清江、林克明是这一时期重要的建筑师。

图3-28 岭南大学

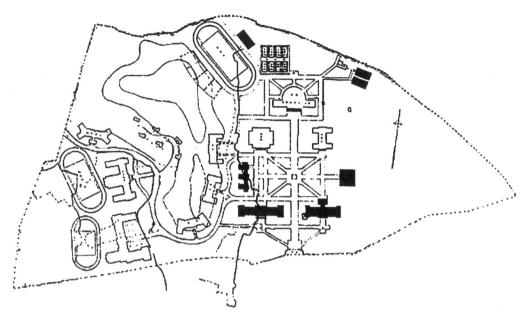

图 3-29　襄勤大学平面图

图 3-30-1　黄花岗烈士陵园

图 3-30-2　十九路军将士墓

第三节　抗日战争对城市的破坏及灾区重建
(1937~1949 年)

　　在陈济棠主粤期间，广州城市得到了较大发展。然而好景不长，抗日战争的爆发使城市再一次受到破坏。日军为了占领广州这个中国南方最大的港口城市，连续不断地用飞机对广州城狂轰滥炸，海珠桥南北地区和西濠口黄沙一带被夷为平地，城市发展进入了倒退和停滞期。

　　抗日战争结束后，国民党政府制定了一些灾区重建计划。民国 35 年(1946 年)，工务局拟订黄沙、西堤、海珠桥北岸、南堤等四个灾区的营建计划。民国 36 年(1947 年)，广州市都市计划委员会修正通过了 4 个灾区的《重建计划书》，一是确定灾区的范围，二是确定新辟或拓宽道路的走向及宽度，三是划定商业区、住宅区范围，并规定在不同的区域内营建市场、学校、儿童游乐场等公共建筑及其配建设施。民国 36 年(1947 年)，广州市都市计划委员会讨论了《广州市土地分区使用办法(再修正案)》。该《办法》将广州划分为普通

表 3-2 广州近代城市空间发展的力系作用表

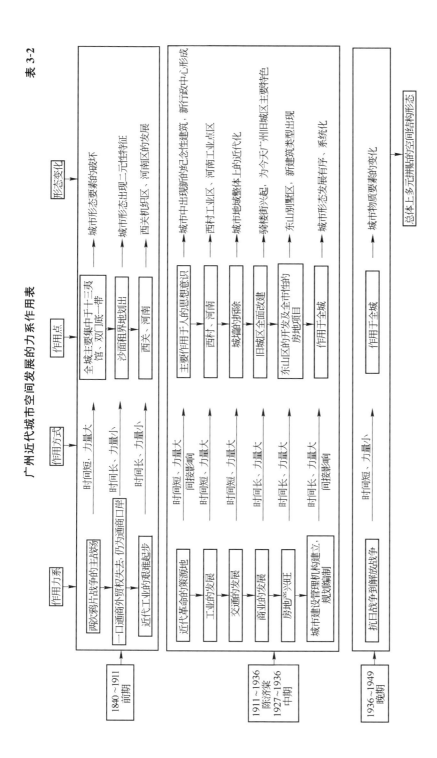

第三章 广州近代城市空间结构形态演进 95

住宅区、田园住宅区、商业区、工业区、风景区、农业区等六种，并对在不同区域新建或改建的建筑物的性质、高度和建筑密度作了明确规定，提出在居住区、商业区、风景区、农业区不准建设有污染的工厂，凡属易燃、易爆、有污染、用地规模大的工厂，其建筑地点须经市政府核定。

但是由于国民党忙于内战并节节退败，这些计划只是一纸空文，未能实施。

广州近代城市发展处于中西方政治、经济、文化冲突的焦点，广州是近代中国革命的策源地，在城市多种力系作用下形成了"多元拼贴"的空间结构形态(表3-2)。

一口通商的外贸优势失落后，广州仍然是中国近代工业发展最早、近代化步伐较快的城市之一，城市发展突破了城墙限制，西关、河南、东山等地先后发展起来。在近代化的过程中，表现了较强的自主性，自行拆除城墙，主动接受西方城市规划理论，进行新的市政建设和其他建设。从西关到东山，从西堤到越秀山下，均呈现出不同的形态特征。

本章注释

[1]　杨万秀，钟卓安主编. 广州简史. 广东：广东人民出版社，1996.203～204

[2]　夏燮. 中西纪事. 长沙：岳麓书社，1998.95～96

[3]　清道光朝留中密奏. 见：鸦片战争. 第3册.536. 转引自杨万秀，钟卓安主编. 广州简史. 广东：广东人民出版社，1996.212

[4]　张仲礼主编. 东南沿海城市与中国近代化. 上海：上海人民出版社，1996.233

[5]　郝延平. 十九世纪的中国买办——东西间的桥梁. 上海：上海社会科学出版社，1988.60

[6]　同本章[4].249

[7]　孙毓棠编. 中国近代工业史资料. 第一辑下册. 北京：科学出版社，1957.102

[8]　同本章[4].251

[9]　(同治)广州府志. 卷六四

[10]　王云泉. 广州租界地区的来龙去脉. 广州：广东人民出版社，1992.9

[11]　王文全，袁东华. 沙面租界概述. 北京：中国文史出版社，1992.255，356

[12]　同本章[10].9

[13]　广州的洋行与租界. 见：广州文史资料. 第44辑. 广州：广东人民出

版社，1992

[14] 初期沙面租界区的建筑，茅屋居多，不及汉口、上海，真正的建设属1900年前后。

[15] 十八条街，曾先生认为，甫即是铺，为明末商人自卫组织。黄萧养起义以后，西关街圩即自行组织，以防盗贼，在街头街尾立栅，建门楼防守，各甫自建码头，称为"水脚"。

[16] 曾昭璇. 广州历史地理. 广州：广东人民出版社，1991.387

[17] [18] 同本章 [4].251，252

[19] (民国)广州市市政概要. 1921

[20] (民国)广州市市政公报. 第143号

[21] 广州市政府生产委员会. 广州工业十年，1959年编印

[22] (民国)广东之现状，1943年编印.72

[23] (民国)广州海关. 华洋贸易报告. 1932年

[24] (民国)十年来中国经济建设(1927～1937). 第十章，1937.3

[25] 同本章 [21].73

[26] 同本章 [4].276

[27] (民国)广州商场年鉴. 广州：广州商场杂志社，1947.72

[28] 同本章 [4].274

[29] 陈炳. 二十世纪期华侨对广州建设的投资. 见：羊城今古，1988(2). 14

[30] 孙施文. 城市规划哲学. 北京：中国建筑工业出版社，1997.110

[31] 创刊词. 新建筑，1936(1)

[32] (同治)广州府志. 卷六四

[33] (民国)黄炎培. 一岁之广州市

[34] 谢少明. 广州建筑近代化过程研究. 华南理工大学硕士学位论文，1987.33

[35] 孙中山逝世后，国民政府与民众团体先后成立"中华各界开辟黄埔商埠促进会"、"黄埔开港计划委员会"、"黄埔商埠股份有限公司"，拟定《广州黄埔(北帝沙、狗仔沙)开港初步计划》、《开辟黄埔(新洲)计划》、《开辟沙路商埠计划》、《开辟虎门大虎商埠计划》、《开辟黄埔(狮子山)商埠速成计划》(又称鱼珠计划)等建港计划。民国16年(1927年)，经"黄埔商埠股份有限公司执行委员会"议决最后采用《鱼珠计划》。民国19～26年(1930～1937年)，又先后拟定了《黄埔港计划》与《黄埔开埠计划书》，后者成为民国时期黄埔港的建设计划，黄埔港逐步开始建设发展起来。

[36] 150英尺、80英尺、60英尺、40英尺、24英尺五种。

[37] 墨菲于1877年8月10日出生于美国康涅狄格州，1899年获耶鲁大学建

筑学学士学位。他作为建筑师从 1914 年到 1936 年为中国近代高等学校建筑的设计做了大量的工作，其主要工程有：清华大学(建成 4 幢)，北平燕京大学(建成 30 幢)、厦门大学(建成 3 幢)、南京金陵女子学院(建成 10 幢)、长沙中国耶鲁大学(建成 4 幢)、福建大学(10 幢)、广州岭南大学(3 幢)，1926 年当选为广州岭南大学理事。岭南大学的第一批建筑有马丁堂及一些附属宿舍，马丁堂由美国 Stoughton 及其事务所设计，这是中国第一幢钢筋混凝土结构建筑，为券廊式"殖民式"风格。其后，Philip N. Yovtz、Jas R. Edmunds、Js R. A. 等完成了岭南大学的主要建筑设计。墨菲完成的惺亭、陆佑堂与哲生堂的设计，是中国近代较为成功的作品，陆佑堂与哲生堂的体量都在 3~4 层之间。为了使体量、尺度比例与传统建筑的大屋顶相协调，大胆在 1~2 层间和 2~3 层间用挑出的护栏环绕，增强了水平的线条力度，尽管有明显的"土洋"结合的折衷主义的手法，但也表现出既尊重中国传统风格，又不拘泥于传统的设计思想。

第四章　广州现代城市空间结构形态演进

在第三章，我们借助于物理力系的类比，从城市空间系统的角度剖析了城市发展的动力机制。这种方法是建立在主体和客体相互融合的基础上的，它使我们研究的焦点集中于把城市当作一个独立的空间系统，然后在这个系统中找出若干个力系，如社会、经济、政治、技术等，通过研究其对空间的影响关系来理解空间结构的演变规律，这种方法偏向分析，而少于综合。城市的发展无论途径如何，其根本的发展动力皆是出自于人类自身的需要，发展的最终归属也是满足这些需要，城市的发展可以说是人类旧的需要满足、新的需要产生的过程。在社会生产中，人类的需要作为一种自然的基础，经过社会关系的折射而成为人的利益，社会中人们需求与愿望、动机与行为所存在的差异和分歧，最终导致利益的分化与组合，形成不同的利益主体。张兵博士在他的《城市规划实效论》中就认为利益主体对利益的追求之于社会的发展是一种根本的动力作用，并形成城市发展的"动力主体"；推动城市发展的动力主体主要有三种，一是政府，二是城市经济组织，三是城市居民，它们在城市发展中扮演了不同的角色。这种观点非常有利于认识广州现代城市空间结构形态的演变。广州现代城市形态的发展演变呈现两个明显不同的时段：一是新中国建立以后，广州地处国防前沿，长期以来不是国家政府经济计划发展的重点地区，因此城市的发展受到长时间的抑制，其发展处于一个缓慢的水平；二是1978年以后，广州是国家改革开放的窗口，城市进入了高速发展的阶段。

在这一章中我们还要引进"类"的概念。"类"即类型，指按照事物的共同性质、特点形成的类别。"类"的划分是从形态特征和一些具体指标的可比性出发，来辨识各种形态所具有的共性和规律，有助于我们从特征到一般地去认识城市。对城市空间类型的划分，也无一定之规。《雅典宪章》中将城市功能分为四类：居住、工作、游憩和交通，相应的城市空间形态也分为居住空间形态、工作空间形态、游憩空间形态和交通空间形态四类；也有年轻学者将城市空间形态分为六种类型：郊野公园、城市大街、城市广场、城市的"院"、城市街道、城市公园；凯文·林奇提出了构成城市总体意象的五要素；舒尔茨提出了空间形态的三要素。本章从城市用地类型出发，将广州城市空间结构的类型主要分为六类：旧城区、中心区（城市重点发展地区）、工业区、居住区、单位体制下的"大院"制地块、"城中村"。

第一节 建国后广州城市空间结构形态发展概述及主要的影响因素

1949年10月广州解放后，城市发展进入了社会主义新时期。社会制度的重大变革、国家对纷繁复杂国际局势的考虑等因素深刻地影响到广州经济生活的方方面面。在生产资料社会主义公有制、社会主义计划经济及广州地处南国边疆的地理位置等一系列新的因素作用下，广州现代城市建设进入了一个特殊时期。

国民经济恢复和转型时期(1949～1957年)

新中国成立的最初几年，城市发展主要是医治战争创伤、恢复生产和安定人民生活，1951年2月中央提出了"在城市建设中，应贯彻为生产、为工人服务的观点"，规定将一部分财政收入用于市政公用设施的建设。在这一方针的指导下，广州于1950年修复了在抗日战争中被炸毁的海珠桥，打通了河南河北的陆上交通；为配合铁路南站和黄沙码头的建设，1952年新辟了黄沙大道。在旧城边缘地带，兴建了一些工人新村，如邮电新村、和平新村、民主新村、小港新村、南石头新村等。

经过国民经济的三年恢复之后，国家进入了第一个有计划大规模的五年经济建设时期，这一时期国家的发展计划及基本任务是重点发展工业（主要发展冶金、煤炭、机械工业）。与此相适应，城市建设作为国民经济的重要组成部分和工业项目分布的载体也进入了有计划发展的时期，建设"生产性城市"是这一时期国家城市建设的基本思想。早在1949年2月，党的七届二中全会提出了关于建国后的城市建设问题，毛泽东同志指出，"只有将城市中的生产恢复起来和发展起来，将消费性的城市变为生产性的城市，人民政权才能巩固起来"。1954年由建设部主持召开的全国第一次城市建设工作会议,又提出了"社会主义城市建设的目标,是为国家社会主义工业化,为生产、为劳动人民服务"的基本方针。这些重要论述,奠定了新中国城市建设发展的基本方针,在这种背景下,广州市城市建设委员会,在中共广州市第四次代表大会确立了"在相当的时期内,逐步使广州由消费城市基本上改变为社会主义的生产城市"的城市建设目标。以后,虽然在不同的发展时期和不同的经济形势下,目标有所不同,但"变消费性城市为生产性城市"这一根本点始终没变。

建国前广州是一个传统的商业性城市,工业基础相对薄弱,工业企业规模小,零星分散在旧城区内,全市只有西村工业区及南石头工业点。在"变消费性城市为生产性城市"的目标下,广州的产业结构出现了变化,广州传统的商业、服务业、金融业开始萎缩,工业的发展进入了新的时期。这一时期的发展,逐步丰富了广州两千年来以单一的商业贸易性质为主的城市功能,这一变化为改革开放以后城市向多功能综合性大都市的方向发展打下了基础。

但是由于国家出于对国际政治经济局势的考虑,国家的工业布局重点及主要资金投入放在东北及内地城市,广州由于地处南国边疆、国防前沿,靠近实行资本主义的香港和澳门,不是国家投资重点建设的城市,因此,广州的城市发展主要靠地方财政,挖掘潜力,依托旧城,发展轻工业。在旧城边缘逐渐出现了一些工业片和工人新村,但整体的城市形态没有大的改变。

"一五"时期,广州的工业建设以食品和纺织工业为主,工业总产值中轻工业占绝对优势,这一时期,按城市的总体规划兴建了一批骨干企业如庙头广州冶炼厂,白鹤洞广州第一造船厂,新洲广州渔轮厂,员村广东罐头厂、玻璃厂、广州第二棉纺厂,赤岗广东麻袋厂等。

为配合工业区的建设,广州学习苏联经验,在工厂所在地兴建了一批工人住宅区,如罐头厂、萱麻厂、华侨糖厂等都有配套的工人住宅区;交通方面,新建了大沙头沿江路、应元路等;城市中心仍然在旧城区,海珠广场、流花湖地区先后成为广州重点开发建设地区,中苏友好大厦、广州体育馆和华侨大厦成为这一时期广州的新的标志性建筑。这一时期由于国家对文教科研方面的重视,在石牌地区初步形成了高教科研区。自1952年,设立华南工学院、华南农学院、华南师范学院后,陆续在该地区设立华南植物研究所、林业学校、亚热带电讯器材研究所、省邮电学校等院所,石牌高教科研区初步形成[1]。

"一五"期间,广州城市建设用地主要向东、南两个方向发展,建城区面积由1949年的36平方公里发展到1954年的56.2平方公里,其中工业用地4.5平方公里,市区城镇人口由1949年的103.9万人口发展到1957年的168.9万人[2]。

大规模经济建设调整时期(1958~1964年)

1958年开始的"二五计划",中共中央提出了"鼓足干劲,力争上游,多快好省地建设社会主义"的总路线,全国上下掀起了"大跃进"和人民公社化浪潮。"大跃进"期间,在"以钢为纲,全面跃进"的号召下,全国范围内开展了大炼钢铁的运动。广州在1958年新建了广州钢铁厂、夏茅钢铁厂、石井钢铁厂、南岗钢铁厂等七间钢铁厂。通过后来60年代初的国民经济的调整,形成了一定规模的钢铁生产能力,广州从"一五"期间以轻工业为主逐步向重工业发展。与此同时,广州的机械、化工等工业建设项目发展也很快,逐步成为新的机械工业基地,1958~1960年在旧城区外围按规划开辟了鹤洞(钢铁、造船)、员村(纺织)、车陂(化工)、吉山(机械)、庙头(冶炼、造船)、南岗(化工)、赤岗、鹭江(综合)、夏茅(钢铁)、江村等工业区片和工业点。但是这种过大的工业建设规模远远超过了国家财力物力所能承受的限度,1961年初中央提出了"调整、巩固、充实、提高"的方针,对国民经济第一次进行了全面的调整,广州利用这一次调整的机会,积极调整了自己的工业结构,形成广州工业布局的基本轮廓。

这一时期广州的住宅建设按总体规划的要求,首先在原有分散的工厂住宅区的基础上,建设成片的住宅,形成一定规模的以工人住宅为主的居住区;其次,为了解决水上居民迁到陆地定居问题,1960~1965年间,国家拨1200万元专款兴建水上民居,先后在滨江、南园、素社、二沙头、石涌口、科甲涌等15处兴建水上民居新村或住宅区;此外,在环市路北面和逢源路增建了高标准低层低密度的华侨住宅区。

这一时期,广州市政建设方面也有一定的发展。在道路方面,1958~1965年间,新建了一批连通旧城区与新的工业点的道路,如黄埔大道(现东风东路的先烈路口至梅花村铁路边路段)、车陂西路、南岸公路、芳村东路(今芳村大道)、河南南路(今工业大道)、河南中路(今江南大道北)、滨江路、天官里、环市路、人民北路、白云西路等道路，改建、扩建了德坭路、小港路、东川路、中山七路、中山八路等路段。1960年珠江大桥建成通车，打通了广州市区向西方向的对外交通出口，方便了中城区与芳村、佛山等地的交通联系。为配合白云机场的建设，1964年建成全国首座跨道路立交桥，缓解了广州市北出口的交通拥挤的矛盾。在其他方面，1958年开始全面改造市区的排水系统，一是改建濠涌，把横贯荔湾区的西关涌改为暗渠，二是把旧城区内街的石板明渠改为划一的暗渠。这一时期，开始了全市绿地公园的建设，一是结合城市排水系统的改造，动工开挖流花湖、荔湾湖、东山湖等3个人工湖，建成3个公园，1958年按规划开始全面开发建设白云山风景区，开辟环山公路，以及建成游鱼岗（即麓湖）、下坑等大小水库10个，1958~1960年间，还新建华南植物园、动物园、晓港等10个公园。

这一时期，广州城市建设的重点地区还是以海珠广场、流花湖为中心。1958年在海珠广场东侧新建一座4层陈列馆，交易会由中苏友好大厦移至此举行，翌年位于广场北面的10层高的陈列馆竣工，1960年兴建园林式展览馆——谊园，海珠广场成为广州对外贸易的中心和文化娱乐中心。"二五"时期，以流花湖为中心，环湖兴建了广州医学院、广播电视大学、羊城宾馆等大型建筑，使这一地区逐步成为广州的新的繁华区。此外，新建的广东科学馆、广东省农业馆等大型公共建筑，成为了广州这一时期重要的建筑。

1958~1965年间，特别是在1961年初以前在工业建设的冒进思想影响下，这一时期广州城市的发展，呈现出十分迅猛的态势，大批工业片（区）向城市周边蔓延，城市用地规模急剧扩大，城市建设用地除向东发展以外，还向北发展，1962年建城区面积达76平方公里。

三线建设和文化大革命时期（1965~1977年）

1965年起，国家在建设重点宏观布局上开始向内地转移，实施大规模的"三线"建设，沿海一些重要企业向内地搬迁，大批大、中型项目和国防工业被安排在内地山区，同时各省也搞各自的"小三线建设"。广州这一时期在从化吕田、上罗沙、花县百步梯、赤坭等地区建立了一批"小三线"企业。

1966年5月开始的"文化大革命"使城市建设受到了严重的破坏。在城市内部，"见缝插针"，乱搭乱建，极左思想和无政府主义泛滥，将城市规划管理说成是"管、卡、压"，城市建设说成是"搞修正主义",规划被中止,从北京扩展到广州的破"四旧"运动破坏了城市园林和文物,城市发展严重失控,城市内部混乱不堪。城市外围建设项目更趋分散,出现了大量布局效益不高、生活服务设施严重滞后的孤立工业片区。在"先生产后生活"的错误思想指导下,将生产和生活对立起来,城市生活服务设施的不足一步步加剧,居住区建设一度停顿,1975年比1965年居住区建设面积只增加160.75万平方米,年平均增长率仅1.5%。70年代后期,城市建设的种种问题就暴露出来了,如城市居民房紧张、市政公用设施严重不足、城市布局混乱,等等。

"文化大革命"结束后,为了尽快地改善人民的居住条件,市人民政府除增加住宅投资外,还以动员社会各界集资或自筹资金等多种形式加快住宅建设,1976～1978年,市区城市住宅建筑面积增加了160.65万平方米,相当于"文化大革命"10年所建住宅面积的总和。

这一时期城市中心区的建设仍然集中在海珠广场、流花湖地区,环市东路地区也开始建设。1968年,在海珠广场建成广州建国后的第一座高层宾馆——27层的广州宾馆,高86.7米,为当时全国之冠。70年代流花地区建设继续进行,1970年广东省汽车客运站建成投入使用,随后流花宾馆、电报电话大厦、邮政大楼、民航售票大楼等大型公共建筑相继建成,1974年交易会从海珠广场迁到改建后的中国出口商品交易会展览馆(原中苏友好大厦)举行,该地区成了广州对外交通枢纽和对外贸易中心。在环市东路的北面,1976年新建33层的白云宾馆,再创当时全国高层建筑之冠,1978年在白云宾馆东侧建成友谊商店,一个新的旅游购物中心开始形成。

1965～1977年间,城市建设用地基本上没有突破"大跃进"时的城市用地,1977年建城区面积为76平方公里。

从整体来说,改革开放前,广州形态生长处于一个缓慢的发展水平。从人口增长来看,自1949年至1978年的28年间,人口只从105万增加到168万,增长约60%,期间,1961年初到1978年底市区人口基本停滞于160万左右[3]。因此中心城区形态演变的动力不大。城市建设基本投资方面长期不足,在"文化大革命"开始后的10多年间,基本建设投资总额每年仅有2000万元,占工农总产值的不到0.5%,城市建设量小面窄,城市面貌因而出现停滞不前的现象,甚至出现老化。在城市住宅建设方面,据统计1949年,人均居住面积为4.5平方米,1978年,平均每人只有3.82平方米[4],中华人民共和国建立以后30多年来,住宅面积不仅没有增加,反而减少，到 1983 年为止，市区内仍有 35% 的房子是抗日战争以前修建的。长期对消费及第三产业的忽视也减低了对商业空间的需求，在市中心区，商业活动亦不大频繁，商业活动场所、娱乐活动场所、饮食场所全面压缩。总而言之，改革开放前，中心城区形态扩张和更新的动力十分弱小，其城市总体形态基本上延续了建国前的形态格局。

改革开放以后到 1999 年

1978 年，十一届三中全会开始纠正"左"的思潮在各项建设中的影响，提出了"把工作中心转移到经济建设上"的方针，并作出了经济体制改革和对外开放的重大决策。广州由于邻近港澳地区，在改革开放以后，国家给予了"特殊政策、灵活措施"、计划单列、省级经济管理权限等一系列优惠政策，加快了经济发展速度。1981 年中共广州市第四次代表大会提出了"把广州市建设成为全省和华南地区的经济中心，成为一个繁荣、文明、安定、优美的社会主义现代化城市"的建设方针，广州城市建设也率先进入了迅速发展的时期。

这一时期，广州对城市建设和发展的认识也逐步发生了转变，形成了新形势下对城市的功能、发展战略、城市规划性质和意义的新认识。在对城市功能的认识上，开始突破早几个时期偏重于工业建设的"生产性城市"的概念，上升为"城市是多功能的地域社会经济活动的中心"的新认识，在改革开放搞活的新形势下如何发挥城市的多种功能和中心作用成为各届政府工作的中心问题之一。在对城市规划的理解上，开始突破以前"是国民经济计划的继续和具体化"的原有模式，逐步明确了城市规划是城市政府为确立和实现城市经济、社会发展战略和目标，指导城市土地利用、空间布局和各项建设的综合部署。这些思想意识上的转变都为这一时期的城市发展打下了良好的基础。

进入 20 世纪 80 年代后，随着改革开放，社会经济运行体制由传统的完全社会主义公有制和高度集中的计划经济向以公有制为主体、多种经济成分并存的所有制形式和社会主义市场经济转化，作为改革开放的前沿阵地，广州的社会经济机制发生了重大的变化，这一变化成为影响城市形态演进发展的主要因素。首先，城市建设投资从以前的单一的国家计划内项目所左右的格局，转化为包括由计划内项目、计划外自筹资金、集体经济、个体经济以及外资、合资企业等多元化的局面；其次，城市土地逐渐实行有偿使用，地价成为调整城市布局的商品经济杠杆；再次，建筑成为商品，与房地产相结合，成为城市经济发展中一项重要开发经营项目。这些都为这一时期城市的发展提供了全新的课题。

这一时期广州城市建设规模大，速度快，成绩令世人瞩目。从20世纪70年代末加快城市住宅建设和大力发展城市市政建设开始到80年代前期，城市商业服务、金融财贸、文化娱乐、旅游服务等设施相继得到蓬勃发展。到了80年代中期，广州积极引进外资和国外先进技术，重点发展金融、商业、贸易、旅游服务和交通运输等第三产业及外向型产业，城市区域不断扩大，新的建筑不断涌现。大量西方国家的城市规划思想、建筑设计思想和手法的引入，也促进了城市及建筑设计水平的全面提高，广州成了同时期中国发展最快、也最具有活力的城市，许多兄弟城市南下取经，参观学习。这一时期广州城市总体发展的情况是：

一是在城市边缘大规模地开辟和拓展城市新区，城市呈圈层式质密状水平扩大；

二是新的高层或超高层建筑大量出现，形成新的城市中心区，城市突破以往低平的天际线，向垂直方向扩张；

三是在旧城区从局部修补转向结合城市房地产开发的全面旧城改造；

四是城市市政公用设施现代化步伐加快；

五是城市总体生态环境下降，污染加重，交通的压力逐渐加大；

六是城市的历史文化受到一定程度的破坏。

具体来说，在工业布局方面，改革开放以后，新辟了港前工业区(1984年)和黄石工业区。前者是广州经济技术开发的一个新型的现代化工业区，成为广州引进、消化、推广和开发新技术的基地，后者主要用于搬迁旧城区内污染严重的工厂。1989年，市区工业户数2945户，工业用地50.28平方公里，其中有1794户分布在旧城区内，占市区总户数的60.9%。位于旧城区的工厂，大部分混杂在居住区内，位于郊区的工业区则形成东、南、北三个工业带，旧城区以东工业带包括南岗（化工、建材）、广州经济技术开发区（外向型工业）、庙头（造船、冶金）、大田山（石油化工）、吉山（机电轻工）、员村、车陂（综合）；以北工业带包括沙河、广从公路与沙太公路沿线（电子、机电）、夏茅、新市（机电）、槎头、石井（机电）、江村（机电）；以南工业带包括芳村、鹤洞、江南大道与工业大道南沿线。位于郊县的工业区主要有花县的新华镇（电子、轻工）和赤坭镇（建材、橡胶）。在住宅区建设方面，在旧城边缘地带兴建了大量的居住小区。到1990年，综合开发在5万平方米以上的住宅小区有60个。

1979~1990年间，城市建设用地的发展仍然是以东、南方向为主，城市空间结构虽然规划为带状组团式，但城市呈圈层式质密状水平扩大的势态明显。

20世纪90年代以来，城市发展迅猛，呈现出放射状蔓延和旧城区圈层质密状发展相结合的态势。所谓放射状蔓延是指城市由于受到若干自然条件(河流、山丘、湖泊)或特定的交通方式(河流、铁路、公路)的显著影响，在城市各个方向的扩展上表现出特定的不均等性和非紧凑性。广州放射状蔓延一是沿珠江上游向北发展，二是沿珠江前航道两侧向黄埔方向发展，三是沿珠江后航道向洛溪方向发展，四是沿京广线、广三线、广九线三个方向沿伸。所谓成片块状，是指城市新增用地围绕着原有核心，向城市四周较为紧凑、均衡地不断扩展，反映出紧凑均衡、逐层扩大的基本特征。1989年建城区面积为182.23平方米，广州市1990年的城市建城区为187.4平方公里，1995年已增至259.1平方公里，较1990年增长38.3%[5]。

随着社会主义市场经济的逐步推进以及对外开放的不断深入和发展，面对变化无常的国内外经济形势，特别是20世纪90年代中期以来的经济严峻形势，广州城市形态的发展也面临着新的挑战，在城市发展观念、建设内容以及建设方法上亟待进一步的更新和发展，无疑，当代广州城市建设处在一个极为重要的转型时期(图4-1)。

图 4-1-1
20 世纪初广州鸟瞰

图 4-1-2
20 世纪 30 年代广州鸟瞰

图 4-1-3
20 世纪 90 年代广州景象

第二节 历次规划及城市空间结构形态的变化

  城市规划作为一门学科,是在 20 世纪初引进广州的,1932 年广州出现了第一部正式的城市规划文本。解放以后,由于实行社会主义计划经济体制,规划、控制的思想渗入到社会生活的方方面面,城市建设成为有计划的国民经济的一部分,广州城市形态发展走上了以规划控制引导为主的建设时期。建国以后到改革开放前,广州先后制定过 13 轮城市总体规划。同时,广州还结合具体的小区建设、地区开发等具体项目,制定了若干详细规划。这些规划成果,作为城市建设的龙头，对城市空间结构形态的形成起到了控制引导作用。

编制过程

"一五"时期，根据变消费性城市为生产性城市的目标，广州共编制了 9 个城市总体规划方案。1954 年，广州市城市建设委员会在学习苏联列甫琴柯所著的《城市规划》的基础上，根据国家制定的有关条例，经过 9 个月的调查研究，于 1954 年上半年，同时编制了 3 个城市总体规划方案。在综合分析、比较 3 个方案的基础上，1954 年下半年，编制了第四方案。1955 年 1 月，城建委将第四方案向苏联专家及国家城建总局汇报，苏联专家认为城市人口及规划定额指标偏大，建议压缩，据此，城建委于 1955 年内先后编制了第五、第六、第七方案。1956 年，城建委根据 1955 年国家建委重新颁布的《城市规划编制暂行办法（草案）》和《城市规划暂行定额（草案）》编制了以压缩为主的第八方案。1957 以《广州市国民经济七年规划》为依据编制第九方案，此时正值"大跃进"的前夕，城市的规模人口、城市建设标准都大幅度提高。

1959 年在"大跃进"的影响下编制的第十方案，在第九方案的基础上继续扩大了城市规模。城市规模和建设标准大大提高。1961 年，随着国民经济大规模的压缩，编制了城市第十一方案，压缩了城市规模。

"文化大革命"中，规划被取消。20 世纪 70 年代初，城市规划和建设工作开始得到一定程度的恢复，恢复了规划机构，开展了规划修编。1971 年广州市建委在前十一个方案的基础上编制了第十二方案，1976 年为了配合广州国民经济十年规划的编制，在中央"控制大城市，积极发展小城市"的方针下，编制了第十三方案。

改革开放以后，广州在新形势下的城市总体规划方案即第十四方案的编制工作始于改革开放的初期。方案于 1980 年完成编制工作，后经方案展览、征求群众意见、组织专家讨论，1981 年 3 月，市规划局将第十四方案向国家城建总局汇报，次年 12 月，在文化公园举办城市总体规划方案展览，广泛征求市民对城市规划的意见。同年 3 月召开总体规划评议会，邀请国家城建总局、京津沪等 18 个城市的领导及北京大学、清华大学、同济大学、中山大学等 27 所大专院校的专家、教授参加，对第十四方案进行了讨论、补充和修改等一系列工作，经逐层审核后报国务院审查。1984 年 9 月 18 日国务院批准了广州市城市总体规划，并就广州市城市的性质、规模、经济发展、环境保护、城市交通建设以及城市管理等一系列问题作了重要批复。

这一总体规划在20世纪80年代对广州城市的建设发展起到了良好的引导控制作用。但是随着改革的推进，在诸多因素影响下，在80年代后期，这一总体规划有些方面已与城市实际发展需要不相适应，因此，从1989年又开始编制广州市城市总体规划（调整、充实和深化）方案，并于1994年完成。

内容及特点

从众多的城市规划成果方面来看，广州的城市总体规划的编制工作具有延续性。总结改革开放以前的13个城市总体规划方案，对城市空间结构形态的发展起持续引导作用的主要内容有：

在城市性质方面，围绕建设生产性城市的目标，广州城市性质进行了多次调整[6]。但建设生产性城市的指导思想始终没变。

在空间结构方面，第一到九方案，城市建设用地主要考虑是成片向东和向南发展。在空间布局上，大致有两类方案，一类方案提出保留原有的市中心为将来城市中心，并在芳村、河南、黄埔等地建设新的区中心，第九方案还提出开辟石牌、中山八路、刘王殿等10个区中心，这些方案有第一、第三、第四、第六、第九方案；另一类则强调市中心应是城市的几何对称中心，因而把市中心向东移至梅花村、天河。第十方案开始采用组团式布局，第十一方案进一步确定了城市呈组团式向东发展的空间布局模式，规划结构呈"三团"、"两线"。组团一指旧城市区，组团二指石牌、员村地区，组团三指黄埔地区，各组团之间以绿地、农田分隔；两线指白云山两侧的广从、广花两条道路沿线。这一方案为后来的第十四个城市总体规划的编制打下了基础（图4-2，图4-3）。

城市道路系统方面，城市道路系统规划一般采用棋盘式道路，东西向道路大致与珠江走向平行，南北向道路与珠江垂直，在河南、天河、员村等位置规划建设过江大桥，以连通旧城区到各个方向的陆上交通。第九方案确定城市道路系统的形式主要采用方格形，适当结合环形和放射形，城市干道网由东西、南北两条主轴和东西两环组成，城市道路划分为主干道、次干道和支路三级。

改革开放以后城市总体规划（即第十四规划方案）中城市性质有了变化，根据1981年中共广州市第四次代表大会提出的"把广州市建设成为全省和华南地区的经济中心，成为一个繁荣、文明、安定、优美的社会主义现代化城市"的建设方针，确定广州市的城市性质

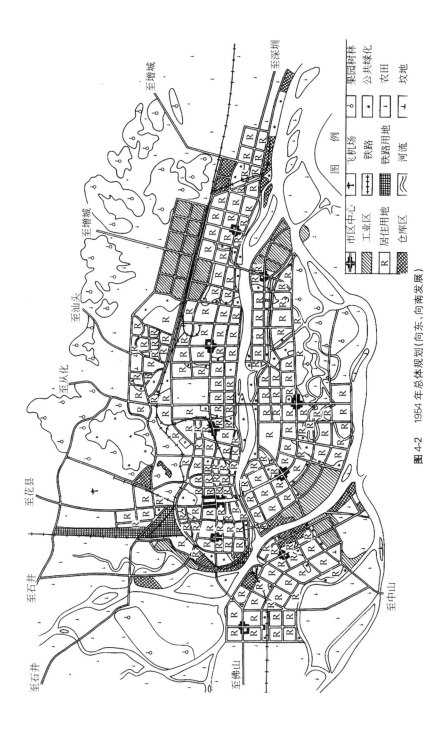

图 4-2 1954年总体规划(向东、向南发展)

第四章 广州现代城市空间结构形态演进

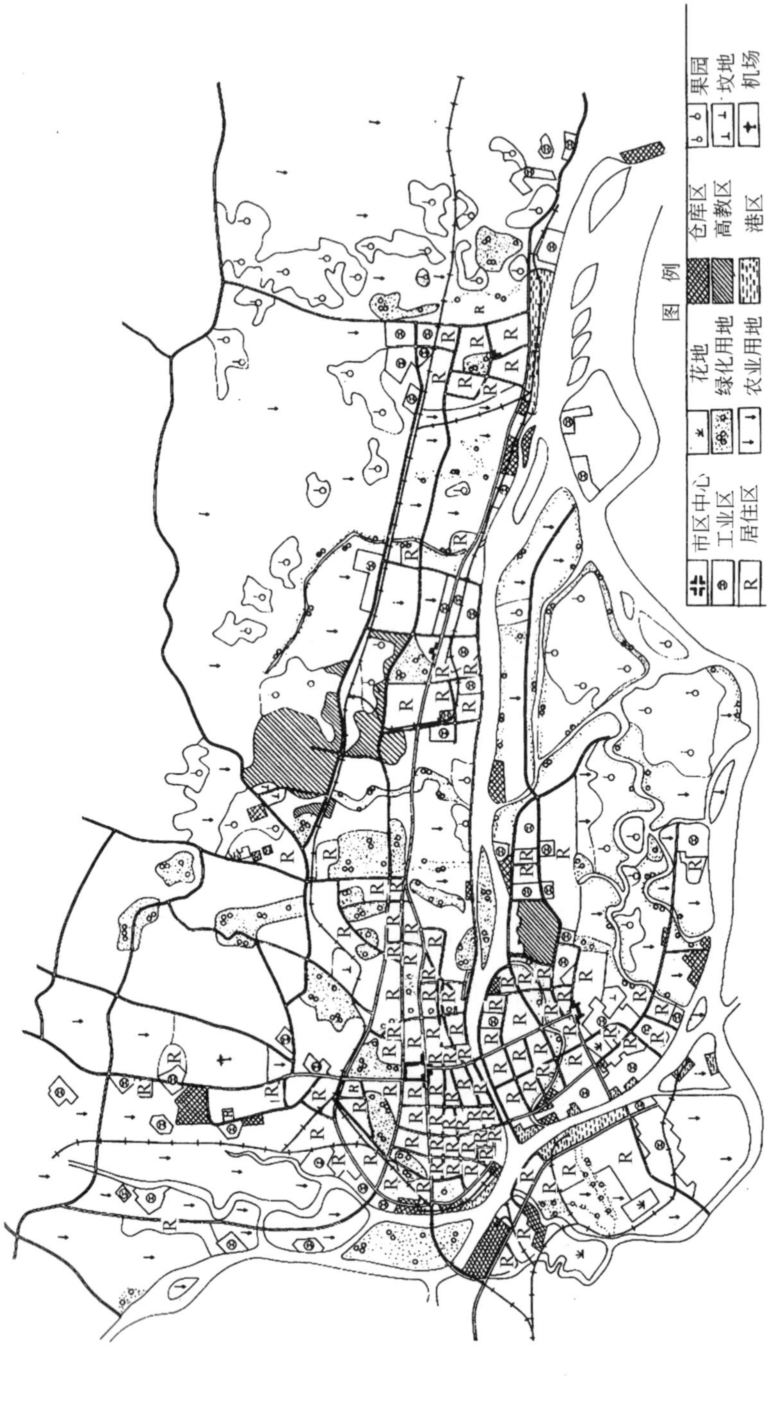

图 4-3　1961 年城市总体规划（组团式向东向北发展）

为"广东省的政治、经济、文化中心,我国的历史文化名城之一。我国重要的对外经济文化交流中心之一",突出广州在全国及广东的地位,强调其中心城市、对外交往和历史文化名城的性质,改变历次方案"把广州建设成为社会主义生产城市"的提法[7]。

在城市空间结构方面,确定城市主要是沿珠江北岸向东至黄埔发展,规划采用带状组团式的空间结构,即沿珠江呈三个组团:旧城区为第一个组团,是城市中心区,该区的改造和建设要充分体现城市的政治、经济、文化和对外交往的中心的功能和作用,并严格控制增加工业用地;第二组团为天河地区(包括五山、石牌、员村),将发展成为广州市的科研文教区,以设置文教、体育、科研单位为主,在建设天河体育中心的同时,兴建科学技术开发区,搞好区内生活服务设施的配套建设;第三组团为黄埔地区,将结合广州经济技术开发区的建设,大力发展工业、港口、仓库等设施,在黄埔新港建设深水泊位,以适应广州对外贸易及远洋运输的发展需要。组团之间以农田和蔬菜地分隔,避免连成一片。确定番禺的市桥镇、花县的新华镇为卫星城,大力发展郊县城镇和农村集镇,形成多层次的城镇网络体系。城市道路规划12条主干道(其中东西向6条,南北向6条)、2个环(内环和外环高速公路)、10个对外出口,组成环状与方格状相结合的道路形态。

第十四方案强调了对旧城区的改造,贯彻"充分利用,加强维护,积极改造"的方针,发挥广州市毗邻港澳、对外交往中心和开放城市的优势,利用外资,引进先进技术与材料,改造旧城,改变城市风貌,减轻旧城区的交通压力,拓宽狭窄的路段,增辟停车场。旧城居住区的改造,以改善提高现在的居住环境和居住水平为目标,控制合理的建筑密度,重视公共设施和绿地的配套。旧城改造的重点是那些人口密度过高、破旧建筑多、市政设施落后、居住条件差的地区,规划扩大的市区用地主要用于改善居民的居住条件。

这次规划还突出了历史文化保护与景观规划,突出历史文化名城的地位,规划确定不但要保护古建筑本身,还要保护其周围环境,注意新、旧建筑相互协调,妥善处理好现代化建设与继承、发扬历史文化和革命传统的关系,规划充分发挥广州一河(珠江)一山(白云山)三路的优势,加强城市主要道路景观、珠江游览线、城市中轴线的空间组织和园林绿化、城市雕塑的建设,使历史文化名城的保护与城市景观、园林绿化有机地结合起来。

图 4-4
1990年总体规划（多层次组团结构向东向北发展）

1989年，市规划局开始对国务院批准的《广州市城市总体规划》进行全面的调整、充实、补充和深化工作，调整了城市空间布局，城市用地除主要向东发展外，还向南、向北（在保护水源的前提下）发展。规划对原城市各组团的内容作了深化，即建立以中心区、东翼、北翼三大组团为构架、每一大组团又有几个小组团构成的大都市的多层次组团空间布局结构。其中城市中心区大组团包括：旧城区（越秀山、东山、荔湾）、天河地区、海珠地区、芳村地区四个小组团，该大组团设有旧中心和天河珠江新城两个中心，具有以政治、经济、文化、体育和对外交往为主，兼有工业、港口、生活等多种功能；东翼大组团包括黄埔区及白云区的一部分，拥有大沙地综合城市副中心区、黄埔开发区、广州经济技术开发区等三个相互联系的小组团；北翼大组团包括流溪河西北侧的雅瑶镇、神山镇、江高镇、蚌湖镇、人和镇及东南侧的新市镇、石井镇、同和镇、龙归镇、太和镇和广花平原地带，这一组团主要发展住宅和无污染的工业项目，以保证流溪河的水源不受污染（图4-4）。

城市规划的特点

解放后的广州同新中国其他城市一样，其城市规划是在学习苏联计划经济体制下发展起来的城市规划理论的基础上建立起来的。在计划经济体制下，由于社会制度的变革，土地等生产资料公有化，城市规划为国家整体规划的一环，土地的使用按国家发展需要予以统筹安排，城市总体规划完全受制于国家和各级政府的指令性计划，如五年计划、年度计划等，再加上社会的单位体制和土地的无偿使用等因素，城市总体规划多偏重于城市的物质形态的规划。

这一时期城市规划的主要任务是从广州地理条件出发，从社会整体利益着眼，按尽量减少功能互相排斥的城市用地混合布局的原则来制定城市各形态要素空间布局，以达到更加合理的形态布局的目的。同时，按照国家的有关统一的定额指标，来确定城市的用地规模和各物质要素的规模和数量。由于其所面对的城市问题比较单一，而且城市本身的发展速度有限，这一期间的城市规划，基本上纯属技术性操作层面上的工作。总的来说，这些规划对广州城市形态的发展起到了良好的控制作用。

同时，这种侧重于城市物质形体的城市总体规划往往弹性不够，如国家和政府的指导思想或者计划的改变、城市规划定额指标（如人均居住面积、人均用地指标等）的高低变化都会导致总体规划方案的修改调整。比如城市人口的预测用劳动平衡法，以此推算20年后广州城市的人口为200万人。根据1954年6月第一次全国城市建设会议上提出的规划定额指标初稿，确定远期规划中，平均每人居住面积为9平方米，居住街坊楼房以3～4层为主，人均居住街坊用地指标为31.4平方米，公共建筑12平方米，道路广场15平方米，绿地17平方米。第五、第六、第七方案这三个方案均在苏联专家的指导下编制压缩了城市规模及城市建设规划指标。其中第六方案规划城市人口仅有140万，少于当时1955年广州市区常住人口148万人，为了解决这个矛盾，拟采用支援全国重大工业城市建设，支援省内将要发展的茂名新城、新矿区及湛江港的建设，支援农业建设等办法把城市人口疏散出去。在用地方面，把规划区的面积由第四方案的210平方公里压缩至第七方案的131平方公里，第九方案比第八方案城市用地扩大了约80%，人口增加40万。也正是这种原因，短短20几年时间，对广州城市总体规划方案就多达13个。这也反映出城市规划学科本身处于不断的发展完善之中。

第十四规划方案及其调整规划方案，实际上反映出规划本身由纯物质性规划向弹性规划、实施管理等综合性多层次规划转变的过程。人们开始认识到城市是内在的社会经济过程的结果，规划不再是一种静态的蓝图绘制过程，而是一种持续不断的动态的行政决策过程，在学习相关城市经验的基础上，广州逐渐形成了"城市总体规划——控制性详细规划（分区规划）——规划审批"多层次的规划和规划实施管理系统。

广州控制性规划（分区规划）的主要特点是在城市总体规划的指导下，确定开发片区的发展性质，估算人口规模，明确开发建设的社会、经济、环境三大效益；明确开发片的功能分区及空间结构和环境要求；明确开发片区与城市道路系统的联系方式，布置片内的道路系统，确定道路经线、标准断面、坐标标高以及停车场位置、面积；明确各级服务中心位置、规模，具体提出重要配套设施的项目和空间环境要求；合理划分地块，明确各地块的用地面积、建筑密度、容积率、总建筑面积、建筑限制高度、建筑退缩要求、绿地占有率、居住户数、居住人口和交通主要出入口等控制指标；提出地块分类的兼容条件和要求；计算并说明公共服务配套设施的项目、规模占地面积、建筑面积、设置数量及开发方式（分无偿提供、优惠提供和有偿提供）；提出各项市政工程设施的控制性设想原则；对重点空间景观地区和社区活动中心提出意象性的城市设计和建筑环境空间设计方案等，并利用计算机技术如 GIS、CAD 等，建立相应的城市规划管理信息库。

在规划实施管理方面，实行集中统一原则下的分级管理。1985年11月，市建委调整审批权限，将主要权力集中于规划局，并在1986年11月广州市人民代表大会审议通过的《广州市城市规划管理办法》中得到进一步的确认。实行建筑报建特许制度，制定了《广州市建筑报建特许人暂行规定》，从过去由建设单位千家万户报建，改由设计单位建筑报建特许人承办报建；实行建筑报建专业管理制度，1988年《广州市城市规划管理办法实施细则》施行后，增加了专业审批的透明度，《广州市建筑报建审批专业管理暂行规定》进一步明确了规划部门和专业部门在审批中的职责分工和工作步骤；实行竣工验收制度，实行后减少了报小建大、报低建高、擅改使用功能等违章现象，维护了规划管理的严肃性；加强立法，依法管理，1986年11月和次年12月，市政府先后公布了《广州市城市规划管理办法》和《广州市城市规划管理办法实施细则》。据此市规划局进一步规范审批报建工作，着重审核其是否符合城市总体规划的要求，审核用地性质、城市景观和建筑空间设计，审核间距、密度、容积率和公共设施等经济技术指标，并对一些批准的建设工程实行公证，与司法部门共同监督，保证按城市规划的要求进行工程建设。1990年4月，《中华人民共和国城市规划法》施行后，市规划局根据广州市规划管理的实际情况，对《广州市城市规划管理办法》及《实施细则》进行了多次的调整、修改、补充和完善。

城市规划面临的挑战

广州近 20 年城市形态的发展，在面临着城市化阶段飞跃发展的同时，也同样面临着城市规划从理论到实践管理本身的挑战，这主要表现在一方面是城市经济运行机制的转变，另一方面是城市发展的调控方式的转变。

在改革开放以前的计划经济体制中，依托社会财富的完全公有制形式和高度集中、层层落实的统一计划经济运作方式，城市发展的性质、规模甚至于布局结构形态，主要受制于国家的投资安排及其内含的建设思想和方针。改革开放后出现的社会主义市场经济，既不同于以往的计划经济，又有异于西方式的市场经济，其概念本身就存在着一个不断自我摸索、自我完善的发展过程，本质上是解决公有制下的发展效率问题，而解决的途径是引入以承认集团和个人利益为前提、以依靠市场供求调节为基础的市场经济机制。社会主义市场经济是新时期中国城市运行机制转变和空间发展的大前提，这一新的体制对当前中国城市运行机制及其引发的城市形态变化的影响却是深刻而显著的，其中首要的一个方面是城市发展的驱动方式由过去单一的政府有计划的建设转为众多的城市发展商商品式的开发建设。在投资的构成上，政府计划内的城市建设预算拨款在城市开发的实际投资中只占很小的一部分，取而代之的是迅速增长的各类计划外自筹资金、社会集资、集体投资、私人投资以及外资、合资等多元化的投资。其次，城市土地的有偿使用，建筑成品的商品化，房地产成为城市经济发展的重要产业，这都必然促使城市发展商的开发建设是以建筑成品的市场出售和市场的盈利为目的的，由此，市场对建筑品种的需求和开发的可赢利性构成了发展商们选择城市建筑与开发项目的主要因素，这一市场需求主导的驱动方式深刻地影响着城市的发展速度、规模、方向、形态。

  城市发展的调控方式的转变是城市规划面临挑战的又一个重要方面。在完全的公有制和计划经济体制中，依托严密的五年计划和年度计划体系，土地和不动产在公有制单位间的无偿划拨以及各类行政性的管理体系如户籍管理制度、基建项目审批制度等，政府对城市发展的调控采用的是包办式的直接介入方式，并将城市发展直接纳入政府的决策范畴。改革开放以后，特别是20世纪90年代以来，随着投资构成的多元化、城市土地的有偿使用和建筑成品的商品化以及各类行政管理体制的改革，政府对城市发展的调控方式逐渐转为间接干预的调控方式。这一新的干预机制的功能定位，在干预目的上，主要是通过市场规律控制和调节城市土地的开发利用，消除市场经济运作过程中可能出现的因追求局部利益而忽视社会整体和长远利益的不公正现象。

  在这种情况下，城市规划作为国家干预城市建设发展的手段，如何发挥其对城市发展的控制、引导、调节作用，对城市整体空间形态的塑造产生稳定和持久的影响，正是城市规划所面临的挑战。

综观西方发达城市在市场经济体制下的城市规划控制、引导和调节方式的演变历程,如何既保护和促进开发商的热情,又能有效地维护城市发展整体和长远的利益,始终是市场经济下城市规划发展的核心问题。就我国而言,国有经济和计划经济的引导作用仍将可能具有相当的影响,但市场机制必将是资源分配的主导机制,城市规划的实施也必须借助于市场的力量,并要在体制、理论和技术诸方面与市场经济的内在机制和规律进行衔接,建立新体制下的城市规划理论和运作管理机制,这是广州城市物质空间形态健康发展的重要环节。

社会主义市场经济条件下的城市规划对城市的发展如何起好调节作用,就上一个世纪90年代来说尚属一个较为陌生的领域,不仅对广州是如此,对整个中国也是如此。发达城市的先进经验,在以下几个方面,可能对当时处于十字路口的广州城市规划起到了积极的作用。

一是在规划及其实施体系上,可大体建构"结构性或战略性规划——控制性或实施性规划或分区规划——规划审批和规划许可制度"三级体系,其中又以具有法规效力的控制性规划为核心,作为全面实施规划的法定规划。

二是第一层面的结构性规划是战略性的,主要是深入研究城市发展的经济、社会宏观背景以及方向性、全局性的问题和政策,确定城市发展战略性、整体性、方向性的问题,如城市功能定位、区域策略、整体的空间布局、空间拓展方向及生态策略,等等,这一侧重于政策分析层面的规划,虽一般不对具体的开发活动提供直接的约束,但实际上为下一层面的控制性规划提供了更切实的社会经济基础和更明确的方向。战略性规划主张内容简化、有选择性地研究问题,以适应城市经济、社会等多因素迅速发展变化和决策的要求。

三是第二层面的控制性规划内容应更为成熟,手法也应更为灵活。为了克服规划控制中所出现的城市空间形态过于单调、缺乏变化和开发商投资热情不高的问题,新的控制体系需对原有以土地使用严格分区和建筑高度与退缩控制为主体的技术规定进行较大改进,设计更宽泛的土地兼容性和排斥性的实施标准和利用更灵活的城市开发容积率、建筑密度与空地率、曝空面等控制技术;推出开发余地更大的规划用地单元,满足较大规模土地开发统筹布局的要求;与限制性规定的指标相适应,引进奖励规定,对兴建城市绿化、美化项目和投资于相关项目的开发商提供增建一定建筑面积的奖励，允许其开发权的转让与补偿。

第三层面的规划审批和规划许可制在保障贯彻法定规定的前提下，可更多地注重技术协商和公众参与，以求吸引更多的开发投资商和引导开发设计更为宜人的城市整体空间形态。如为吸引规划单元开发投资，可采用广泛的个案处理方法，规划师可作为开发商与政府间技术协商的中介者，进行限制与奖励措施、开发权转移与补偿等协商与妥协，并通过"概念性审批"沟通规划意图，最终完成"细节性审批"；为弥补控制性规划始终难以消弥的城市空间形态的零散无序状态和缺乏整体设计的不足，加强城市设计的管理内容，可由政府出面对特定的街区做出一个整体的城市设计方案，把城市设计的内容分解并逐一落实到开发地块，明确各开发商遵守的原则、改进的方向和相应的奖励；此外，由于城市设计方案不具备法规效力，因此对那些虽然符合法规，但却与城市整体形态意图严重相悖的开发商的方案，规划管理部门可依靠公众参与的方式加强其影响力。由于开发商对公众意见比较重视，一旦不被公众接受，其投入就难有好的产出，因此公众参与方式也可逐步成为和法定规划方式并重的城市形态发展调控的有效方式。

第三节 城市的物质空间形态分析

广州现代城市空间结构形态组成大致包括了旧城区的形态、城市重点发展地区的形态、工业区的形态、居住区形态、单位体制下的"大院"制形态、"城中村"形态六种类型，本节将对以上六类区域各自的形态特征作一分析。

广州的旧城区主要指明清城垣以内的区域及清末民国时发展起来的沙面、西堤及西关的大部分地区，主要集中在今天的越秀区和荔湾区。这部分区域是城市在长期的历史发展中形成的，是城市发展的历史见证和地方传统文化的荟萃之地。从第三章的内容中我们可以看到，沙面、西堤、沿江路一带，其空间形态带有明显的殖民地风格，而龙津西、西关上支涌一带是富于岭南特色的传统民居西关大屋，上下九路及中山四路、中山五路、北京路一带是传统骑楼街，各自特色鲜明又互为共存，共同形成广州近代城市的总体面貌。"大跃进"期间，由于五小工厂遍地开花，旧城区内部空间结构日趋混乱。"文化大革命"期间，由于提倡城市内部项目布局"见缝插针"，单位所有制的"大院"星罗棋布，旧城区的空间形态更为混乱。20世纪80年代以来，随着区内土地使用功能的置换，大规模而又无序的旧城重建正在破坏旧城格局和传统的物质形态，珍贵的历史价值和文化价值面临着丧失的危险。

就城市功能而言，目前旧城区仍然是广州最繁华的商贸区，近年来人口密度虽然逐年下降，但人口密度与城市环境容量相比仍居高不下，建筑密集，交通拥挤，建筑质量和环境质量较差，市政设施落后；与此相对应的是在旧城区的某些高层商住楼的开发成功，吸引了更多的类似项目的进入，导致人口再次向旧城中心聚集，这种情况将造成长期历史积淀和传统文化所赋予的旧城区的空间形态的解体。如何探求传统的空间形态与现代的城市功能、现代文明之间的互存平衡，如何通过规划控制手段整治旧城区环境质量并继承完善旧城区的空间形态格局，如何完成城市新旧文脉之间的转换，又是一个庞大的课题。

中心区（城市重点发展地区）的形态是本节要讨论的另一种形态类型。广州是个传统的商业城市，与中国许多传统城市的中心区多位于城市的几何中心或南北轴线、政治中心与商业中心合一的情形不大一样，从明末清初开始，广州的政治中心与商业中心已逐步分离。特别是近代以后，在沿珠江长堤、沙面一带出现了以银行、金融、贸易、各种商务管理为中心的城市中央商务区（CBD），并在其外围地带西关、海珠广场地区、北京路形成了全市性的零售中心商业区。

解放后，社会主义计划经济取代原有的经济，城市中心区的结构及其区位发生了变化。原先在城市经济活动中起主导作用的中央商务区逐渐萎缩，被改造成各工厂、学校、机关等用地，中心零售商业区新建起各类大型国营、集体商店和文化设施，同时由于"大院制"（详见后）现象，市中心区内建设了大量的居住办公用房。新的城市中心区或城市重点发展地区，主要有五六十年代随着海珠桥的重建发展起来的海珠纪念广场地区、六七十年代随着城区向北扩展发展起来的火车站交通广场地区、八九十年代随着天河体育中心发展起来的天河地区。

海珠广场地区在民国时期已经发展为商业和居住密集区，抗日战争期间（1939年）海珠桥被炸成废墟，民国35年（1946年）市政府曾拟定海珠桥北岸的营建计划，拟将该区建设为商业区。中华人民共和国建立后，1950年市人民政府组织修复了海珠桥。从20世纪

50年代起到70年代末，海珠广场一直是城市建设的重点地区，是反映广州城市建设面貌的标志性地段。从区位交通及性质上看，海珠广场是广州旧城中轴线和珠江的交汇点，也是旧城区中南北向道路起义路和东西向的道路沿江路、一德路和泰康路的交汇点。广场四周的建筑主要有1958年位于广场北面的10层高的陈列馆(图4-5，原为1953年兴建的中国出口商品陈列馆，后为省展览馆)、1957年兴建的华侨大厦(图4-6)、1968年建成的22层的广州宾馆、1960年兴建的园林式展览馆谊园。海珠广场从平面上来看，广场由侨光路和侨光西路围合，形成一个"心"形的外轮廓，隐喻着旧羊城八景之一的"珠海丹心"的神韵。广场中间矗立着广州解放纪念的大型雕塑，这座雕塑最初于1959年广州解放10周年前夕建成，现在的塑

图 4-5
中国出口商品陈列馆

图 4-6
广州华侨大厦

图 4-7
海珠广场影像

像是由著名雕塑家潘鹤在1980年重建的,展现了当年南下大军手捧胜利的鲜花继续前进的英姿,这座雕塑在很长的一段时间一直是广州的名片。广场被起义路的延长线分为左右两个部分,上面种植具有南国风情的树木花草。海珠广场的设计突出了纪念性,广场尺度约为南北向200米,东西向300米,五六十年代建筑比较低,广场大部分地区的视角都在20度以下,因此广场尺度大。50年代的社会处于一种民族解放的欢乐气氛之中,当时人们对现代社会的认识侧重于新社会制度的产生,因而只有这种大的尺度才能反映新型的社会关系和建设成就。90年代后广场四周又新建了华厦大酒店(39层)、泰康城(37层)及大都市"广场"(48层)。随着旧城的复新改造,海珠广场成为了有历史感的集旅游业、商业、文化娱乐为一体的城市广场(图4-7)。

流花湖地区位于旧城的西北部,建国前这里是大北门外荒僻之地。新中国成立后,由于这里靠近城区,所以被列为广州市重点开发建设的地区,"一五"期间在该地区规划兴建了中苏友好大厦、体育馆等大型建筑。1958年市建设委员会编制了《广州市越秀文化区人工湖规划》,利用洼地开挖人工湖,建设了流花公园。流花湖公园的建设不仅解决了历来市区北部的防洪排涝问题,还改善了环境,拓展了城市用地。"二五"时期,以流花湖为中心,环湖兴建了羊城宾馆(图4-8)、广州医学院、广播电视大学等大型建筑和建筑群。后经多次规划建设不断完善,随着中国大酒店等大型建筑的兴建,20世纪70年代末80年代初该地区逐渐成为广州市的对外交通贸易枢纽。1958年,依照总体规划第九方案确定的新建铁路客运站的位置——流花湖以北、三元里走马岗以南,编制了《广州铁路客运总站广场规划》。规划以车站大楼为中心(图4-9),其正南面规划为站前广场,新辟环市路、友好大厦西路(人民北路)、站前路等城市主干道,干道呈放射状通达市中心区各部分,广场两侧分别设置30米×97米的绿化带,绿化带外为东、西副广场,供公共汽车、小汽车及其他车辆停放,站场南面为流花宾馆,在广场的西侧布置邮政大楼,其他服务设施如商店、旅店、饭馆及小型公园则规划在广场的西南面,使之形成一个服务中心。火车站的选址及规划,显然受到苏联规划理论的影响,其位于城市边缘服务于城市工业结构合理配置的选址、放射轴线式的道路系统与同时期建设的中国许多城市的道路相比实无二异,只是这种原本应通达市区各部分的放射性干道系统并不通达,和城市原有道路系统也缺乏有机联系,这实际上已为多年后此地区交通不畅留下了隐患(图4-10)。

对外开放以后,在引进外资、发展旅游业为先导的情况下,广州改革开放的先行效应使适应现代城市经济功能的要素如现代化的金融、信息、贸易、商务管理大量出现,如环市东路高层建筑的崛起。依托这一功能的变化,在建设现代化城市和建设国际化大都市的豪迈思想下,高层建筑迅速崛起[8]。天河地区迅速发展起来,随着六运会体育场馆和天河火车东站的建设(图4-11),在场馆周围初步形成了以体育、商业、信息、贸易、金融、办公建筑为中心的城市中心区(图4-12)。

从中心区建筑高度、建筑风格发生的变化可以折射出城市的变化。20世纪50年代,社会处于一种民族解放的欢乐气氛之中,当时人们对现代社会的认识侧重于新社会制度的产生,因而同中外历史上各个时期一样,建筑都要带上一定的纪念性,"大屋顶"得到广泛运用;三年自然灾害以后随着政治与经济困难的出现,客观的物质

图4-8 羊城宾馆

图 4-9　广州火车站

图 4-10　广州火车站地区影像

图 4-11　天河体育中心鸟瞰

图 4-12　天河地区影像

条件又迫使建筑师走向简洁，建筑师们运用传统的岭南园林的设计手法，在物质条件还不丰富的情况下，创造了以重视地方环境，运用内庭园、架空层、条形窗为特色的岭南建筑风格，并因其颇具生命力而成为全国学习的榜样；改革开放以后高层建筑迅速发展起来，新建高层宾馆、商店、写字楼、综合楼等共近 5000 幢，集中分布在环市路、东风路、江南大道两侧，其中环市路从麓湖口到犀牛路段，从西到东有：广东省广播电视厅大楼（33层）、广东国际大厦（63层）、白云宾馆（33层）、世界贸易中心（28层）、花园酒店（34层）、国泰宾馆（18层）、文化假日酒店（25层）、远洋宾馆（23层）、嘉应宾馆（33层）、华山宾馆（21层）等共 20 多幢。1987 年动工兴建的广东国际大厦，主楼 63 层，200 米高，建筑面积为 18 万平方米，层数为当时全国之冠。其他高层建筑集中的地区有东风路、江南大道中两侧、沿江路等。天河体育中心区是高层建筑最集中的地区，其中中天广场高381米，为全国最高的建筑物之一。建筑高度的变化反映了城市形态向空中伸展扩张的势头。

广州同中国其他城市一样，现代城市的发展是以大规模工业建设和工业区的扩建为先导的，因此工业用地的拓展方向、规模、布局定位对城市空间结构的影响是十分突出的。一，城市工业用地所占比重甚大。由于新中国建立以来大力推进城市的工业建设，工业用地在城市总用地中所占的比重大大提高，远远高出世界工业发达国家城市的工业用地比例，如英国约为14％，美国约为10％左右，广州大约20％到30％。二，城市工业用地布局区位偏散，对城市结构影响偏大。广州城市工业用地在城市内部、城市边缘区和城市外围地区都有不同程度的分布，同时在城市建设"有利生产、方便生活"的指导下，城市生活居住区的开辟、交通网络的配置以及卫星城镇的布点，大多深受工业用地布局影响，从而使城市工业区的布局，往往成为影响城市总体形态发展演变的一个先导因素。

到20世纪90年代，广州市区共有12个工业系统、30多个工业部门分布在所有行政区[9]，并且各区都形成了工业多元化的局面。1989年工业总产值是荔湾、越秀、东山、海珠区占55.1％，芳村和白云区占6.71％和15.36％，天河和黄埔区占22.92％[10]。从布局区位上看，主要可分为以下几种类型：在城市内部广泛分布的小型工业企业，在城市边缘相对集中或在城市边缘沿公路、铁路分散发展的工业点的工业区，在城市郊外沿交通线集结的以重工业为主的

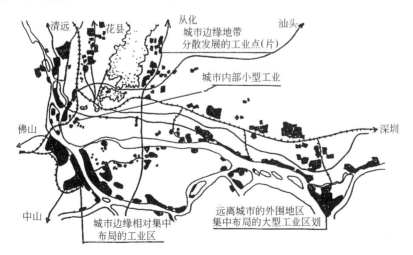

图4-13
工业布局区位图

大型企业(图 4-13)。城市内部分散的中小型工业,数量较多,产业部门复杂,其形成主要来源于两个方面,一是在城市传统手工业和近代工业基础上发展起来的小型企业;二是在"大跃进"期间,在全民大办工业的形势下新建起来的中小型工厂和街道工厂,这些分散的中小企业,主要集中在在荔湾、越秀中部、海珠区西部,从其空间布局的合理性看,具有经营灵活、接近市场等优点,但相当一部分对城市生活环境和城市面貌影响较大,成为广州旧城区空间形态改造中面临的重要问题之一。

在城市边缘相对集中或在城市边缘沿公路、铁路分散发展工业点的工业区,有避开城市中心区、减少对城市生活环境的干扰,以及依托城市并满足其对用地、交通运输和技术协作要求的优点。从20世纪50年代调整市区原有工业用地、开辟新工业用地(如员村工业区、芳村工业区、南石头工业区、芳村白鹤洞钢铁工业区),到六七十年代城市规划废驰条件下工业项目自发选址,以及80年代大批现代化工业项目的分布和大批城郊乡镇企业的分布,都在城市边缘地带或沿珠江铁路分布。由于这类边缘工业区在建设发展中,缺乏规划上的连续性和稳定性以及管理上的有效性,出现了连片蔓延、功能混杂、空间分布无序的情形。特别是90年代后随着城市面积的扩大,原来布置在城区边缘或"下风下水"地段的工业现在全部被城区所包围,严重影响着周围的居住环境。如50年代新建的南石头造纸工业区、新港西路轻工机械工业区以及70年代赤岗轻纺工业区等许多工业片区逐步被扩大的城区所先后包围,形成目前工业与住宅包围与反包围的状况。许多在80年代建的工厂和工业片点也为城市边缘区所包围,工厂和见缝插针的居住建筑、无孔不入的商业建筑、乱建乱盖的违章建筑是城市环境品质下降、城市形态肌理破坏的主要原因。随着广州工业产业结构的重组与调整,城市土地使用功能的置换也是大势所趋。

在城市郊外沿交通线集结的大型工业区有槎头、江村、夏茅机电工业区(城北 10~17 公里)、吉山汽车工业区(城东 18 公里)、大田山石油化工区(城东 22 公里)、黄埔经济开发区(城东 25 公里)等,除个别国家投资大的工业企业有能力组织自己的生活区外,多数工业区没有较为完善的生活居住条件和必要的商业服务、文化福利设施,职工生活只能依靠旧城区,造成大量的通勤交通问题。这类工业区沿交通线成跳跃式分布,呈现出较为分散的形态特征。

改革开放以前广州居住区的布局,深受社会为生产服务、为劳动人民服务的思想的影响，总体上有均匀分布和统一供给的特征。新中国建立初期，随着国民经济的逐步恢复，市人民政府于 1952 年成立工人福利事业建设委员会，负责工人新村的规划建设工作。这一时期建设的工人住宅区主要分布在旧城区的边缘地带，用地规模较大，住宅内部设施简陋，生活服务配套设施缺乏。规划结构为新村—住宅群二级，村内有明确的街坊及基本生活单元的划分。比如 1951 年在旧城区东缘的黄华乡兴建的工人新村即建设新村，用地面积 20 万平方米，规划由大小不等的 12 组住宅群组成；以道路或濠沟划分，每组住宅群有 4~12 幢住宅，用地约 0.4~1.1 万平方米；设置礼堂、食堂、诊疗站、文化站、球场、合作社等生活服务设施，在北面和南面各设置小学一间；全村住宅呈现简单的并列式排列，每行为连续的大平房，建筑间距为 7 米，平房两端连以围墙，每座 28 户，每户居住面积为 20 平方米。

由于广州是著名侨乡，是中国对外的一个窗口，1954 年，市政府专为华侨和高级知识分子兴建了标准较高的华侨新村。华侨新村以 2~3 层独立式住宅为主，也有极少数的集体公寓，建筑物与道路设计均结合地形采用自由式布置（图 4-14）。

新中国建立后居住区建设的另一重要变化是新型居住小区的出现。这种居住区既不同于传统的西关大屋，也不同于东山区的别墅群，它是以多层单元式住宅为基础，进行周边式和行列式等各种形式组合的居住小区。有的住宅组团间，预留公共绿地，内设亭台、假山、儿童游乐等设施。建筑体型由最初的条状、点状发展至 Y 字型、井字型、Z 字型等多种式样，并配置相对完备的公共服务设施，

图 4-14　华侨新村

形成一个个独立的生活单元。改革开放以后，居住区的建设发展很快，建成的大型居住小区有江南新村、晓园新村、景泰新村、桥东新村、开发区管理小区等。引进外资开发的还有晓港城、员村昌乐园、挹翠园等住宅小区。新建住宅小区大部分分布在旧城市区边缘新开发地带，符合城市发展的总体规划要求。部分新建住宅小区如沙园新村、昌乐园、广园新村、赤岗新村、沙涌新村、芳村桥东新村等，与工业区邻近，有利生产，又方便生活，同时具有比较齐全的配套设施，一般设有小学、幼儿园、肉菜市场、综合商场、银行、居委会办事处、粮店、饮食店等。此外，对房屋、环境、美化、卫生、治安实行综合管理和服务，管理模式各具特色，有多层次的专业服务网络（图4-15）。

图 4-15
石牌村被周围城市建设用地包围影像

20世纪90年代以来，居住小区的建设成为房地产业的主要投资项目，因此住宅建设更是得到了突飞猛进的发展。一方面在城市中心区建筑由8～9层向由电梯组织垂直交通的高层和超高层建筑发展，另一方面在城郊出现了大批2～3层的花园别墅。居住小区的建设除了注重小区设施的配套外，建筑形态也日趋多种多样，从所谓的"欧陆风格"到现在流行的不锈钢护栏加落地窗，总而言之，越来越向注重环境质量和生活的高品位方向发展。

"大院"是指单位体制下的城市独立地块，是广州乃至中国现代城市物质空间形态中特有的一种功能混合型的用地组织单元和物质形态类型。这种大院由公有制单位如政府机关、部队机关、高校、科研院所、国家大中型企业等独立使用,对外建有围墙大门,形成封闭式的"大院",大院内部除了生产工作设施外,生活设施如职工住宅也配套建设,有的甚至还建有商店、医院、托幼、学校等一整套生活服务设施。这种大院,早在20世纪50年代前期,在城市新建的教育、科研和机关用地如五山高教区,就已出现了。60年代随着城市住宅建设中停止了统建制度,城市建设提倡"见缝插针"和"填空补缺",各单位纷纷圈地建院。到70年代初,全国上下又全面倡导单位自建宿舍,从而"大院"在城市中遍地开花。形成广州现代城市形态结构中一个基本的物质形态类型。

这一城市物质形态类型,是在中国现代城市发展特定的历史背景下产生的。在高度的计划经济体制下,土地属于国家所有,城市用地是按从上到下无偿划拨,建设投资也是按行政隶属关系下达到各单位,由各单位自行组织建设的,因此这种工作生活一体化、有利于单位小集体的大院很快就在城市中发展起来。从其分布上看,离城市中心区距离越远,单位制地块数量就相对增多,占地规模相对扩大,设施配置相对齐全。也就是说距离越远,其独立性越强。这种大院里空间有序、大院外无序的"大院制"是城市(特别是旧城区)传统肌理被打破、城市整体空间形态呈现无序混乱状态的一个原因。

这一城市物质形态类型,随着社会主义市场经济的建立以及土地有偿使用,正面临着挑战。大院制虽然提供了工作生活一体化的环境,减少了城市中的交通出行,但是大量的重复建设和封闭式的服务体系,造成了城市土地利用、基础设施和生活服务设施严重浪费和低效益运转的情况,同时,生产用地和生活用地相互混杂,也难以形成一个良好的城市总体环境。20世纪80年代以来广州率先推行土地有偿使用,随着城市建设投资主体日趋多元化、城市功能活动的社会化程度大大提高,传统的城市单位制独立地块已逐渐发生了重大变革,许多大院纷纷破墙开店,内部生活服务设施也对外开放,沿街商业用地大量出现。这对于促进城市商品经济的迅猛发展,有一定的意义。

"城中村"是广州在改革开放以后特别是20世纪90年代以来出现的新的特殊的城市物质形态类型。由于城市用地迅速扩展,许多以前城市近郊的农村居民点如松柏村、石牌村、杨箕村、林和村等,在人们还没有来得及作出准备的情况下就被城市包围,成为城市建城区的一部分(图4-15)。

"城中村"在空间形态方面与其外围的城市环境形成强烈对比,"城中村"形态既不同于周边城市建城区,也不同于传统的自然村庄。由于村民可以自行占地建房,在巨大的个人经济利益驱使下,村民完全不顾密度、间距、防火等要求的制约,乱建乱盖,各种用地相互混杂,道路狭窄,公共设施不配套,基础设施严重滞后并且与周边城市用地、道路、市政设施不能有机衔接,特别是建筑非常密集,有些"城中村"的建筑密度高达90%以上。

造成这种特殊形态类型出现的主要原因是:虽然这类村庄在地域上已完全城市化,其产业结构、人口构成已完全不同于一般乡村,但是在人口管理、土地管理方面仍然是农村管理体制,规划建设管理采用的是《村庄和集镇规划建设管理条例》,因而使得城市规划管理部门和监察部门对农村集体土地及规划建设无法行使有效的管理。

这类在城市中占据大片优越位置而无规划建设的"城中村",是城市形态发展中极不协调的一部分,如何对"城中村"的建设加以引导,使之逐渐走上良性的建设轨道,或为远期的改造创造条件,也是广州城市形态发展中应正视的问题。

总体来看,广州现代城市的发展,随着从"海防前线"到"改革窗口"的政策转变,也经历了一个特殊的从转型期到迅猛扩张的阶段。

改革开放前,城市作为国家计划经济体制下的一个完整的社会经济单元,形成了以工业用地布局为主导、各项用地有计划配置为特色的基本特征,城市自身发展扩张的动力不大。改革开放以后,广州作为前沿阵地,城市呈现迅猛发展的态势,空间形态沿平面及垂直两个方向扩张,基本形成了连片放射状特大城市的结构。

随着社会主义计划经济向社会主义市场经济转变,城市发展的运作机制、调节机制等方面都有了转变,广州正处于外围迅速扩张、内部以土地使用功能置换为龙头的空前大发展中,城市中出现了多元化的空间形态格局,大致形成了工业区、居住区、中心区、大院制地块、"城中村"六类空间形态类型。

本章注释

[1] "二五"时期在石牌地区继续发展文教科研事业,先后设立暨南大学、土壤研究所、机械研究所、邮电研究所、化学研究所等院所。

[2] 广州市地方志编纂委员会. 广州市志. 卷三. 广州:广州出版社,1995.71

（以后若无特别标注，本章其他经济指标均出自本书）

[3] 朱云成. 关于控制广州市区人口规模的问题. 广州：中山大学学报，1980.43，53

[4] 广州经济年鉴编纂委员会编辑. 广州经济年鉴·1984. 广州：广州出版社.651

[5] 广州市地方志编纂委员会. 广州市志·卷二（人口志）. 广州：广州出版社，1995

[6] 1954年贯彻"为生产服务，为劳动人民服务"的方针，提出把广州建设成为以轻工业为主的生产性城市。1956年提出"广州将发展成为以轻工业为主，交通运输业、商业占一定比重的城市"的城市建设目标；1958年提出"把广州建设成为华南的工业基地"；1961年提出"把广州建设成为一个有一定重工业基础的、轻工业为主的生产城市"；1972年提出"把广州建设成为一个有一定重工业基础、以轻工业为主、对外贸易占有一定比重的现代化的社会主义生产城市"；1975年提出"逐步把广州建设成为一个轻重工业相协调的综合性工业城市，成为广东省的工业基地，对发展华南地区的经济起骨干作用"。

[7] 规划期限：近期到1990年，远期到2000年。强调控制城市人口规模，疏散过分集中的旧城区人口，到1990年，旧城市中心区的人口控制在200万人以内，到2000年市区城市人口控制在280万人左右，规划城市建设用地为250平方公里。

[8] 有学者认为广州解放后建筑的发展，大致走过了三个发展时期。一是20世纪50年代"大屋顶"得到广泛运用的时期；二是岭南建筑风格流行时期，并因其颇具生命力而成为全国学习的榜样；三是改革开放以后高层建筑的大发展时期。

[9] 广州年鉴编纂委员会编. 广州年鉴. 广州：广州年鉴出版社，1990.121

[10] 胡华颖. 城市·空间·发展. 广州：中山大学出版社，1993.37

第五章 多元文化影响下的广州城市形态

一般说来，具有内在结构的物体必定会呈现出一定的形态，结构表明了要素之间的关系定式，而形态则强调事物性状的表征性，具有相似性结构的物体不一定表现出相似的形态，同样，形态相似也未必结构相似。城市空间结构和城市形态之间是一种多值对应的关系，即一种结构可以对应多种形态。从前面部分的分析我们看到广州在历史发展中所表现出来的空间结构特征并非广州所特有，但这并不意味其具体形态表征的非多样性和非独特性。前面我们用相对抽象概括的方法研究了城市空间结构形态的特征和演进的多种因素，本章将从文化构成的角度通过具体分析的方法分析多元文化影响下的城市形态，并揭示城市潜在的文化内涵。

广州是岭南文化的中心城市。岭南文化与中原文化、楚越文化、鲁文化等内地文化一样是中华文化的组成部分，但由于岭南僻处南疆，远离朝廷，背靠五岭，面向海洋，这种独特的社会条件和自然条件使岭南文化的整体特征具有明显与内陆文化不同的特点。岭南文化的内涵很大程度上折射出广州城市的文化内涵。岭南文化主要以古越族文化为原点，融合中原汉文化与从海洋进来的东亚文化、欧美文化后形成的，它是以中原汉文化为主体的多元文化的混合体。岭南地域文化的多元性特性对广州的城市形态产生了极大的影响。

但是同生活习俗、文化观念、城市建筑相比较，广州城市空间结构形态在发展中一开始就表现出中原汉文化入主的特征。城市风俗、城市建筑在很长一段时期内都保留着南越文化的特色，直到宋代才有了比较大的改观。马克思曾指出"亚细亚的历史是城市和乡村无差别的统一，真正的大城市在这里只能干脆看作王公的营垒，看作真正的经济结构上的赘疣"[1]，即是说东方的城市是君主专制的统治中心，在政治上统治乡村，在经济上依靠乡村，因此在这种经济基础之上的上层建筑和生活方式只能同样也是无差别的统一。尽管广州古代的历史文化十分悠久,但城市文化生活的发展却十分缓慢,宋代前期广州民间生活习俗中南越族的文化特征基本上被完整地保存了下来。宋军打败南汉国后,宋太宗曾经指示官员在广州等地改变当地的"婚姻、丧葬、衣服制度"以及杀人以祭鬼、疾病不求医而由巫师装神弄鬼祈求康复的习俗。经过近三百年的不懈努力,广州民俗中最为愚昧落后的部分才大为减少,并且在城市生活中逐渐有了新的内容,如上元节(元宵节)、花市等。

城市是一个借军事力量建立起来的政治保垒,是国家各级地方政治统治、文化统治的中心,城市建设被看作是国家治国"礼制"的一部分,因此从中原汉人在广州建城起,就表现出中原汉文化影响下的城市结构特征,这种情况的存在也是本书第一章我们可以依据"原型"观念对古代广州城市发展进行分期的基础。广州城市文化的发展在以汉文化为主导的前提下,又保留了本根文化——古越文化重直觉、重感性的特点,并在不断地与外来海洋文化的碰撞交汇中,最终形成了重感性、多元包容、非正统的世俗文化,其基本特征表现为开放兼容、直观实用、远儒近商等,这些特质反映在城市形态的各个层面。

第一节 楚越地域文化影响下的城市形态

据考古发掘,广州地区早在三至五千年前就有土著居民在此居住。在市郊的龙眼洞、飞鹅岭、新市等丘陵地带,考古工作者陆续发现了新石器时代晚期的文化遗址,出土了大量印纹的陶片以及斧、锛、镞、网坠等磨光石器,其中很多印陶纹和双肩斧都有南方特色,据人类学家的研究和测定,四五千年前的土著居民和中原汉人在体质上有一定的区别[2],如普遍身材较矮,面较狭窄,眼大而鼻梁较低,颅骨突出,皮肤较黑等,而且生活习惯和早期文化习俗与中原均有所不同。这些土著居民是秦汉时期被史书称为"南越"人的祖先。

南越族是居住在我国岭南地区的古老民族,是中华民族大家庭最早的族体之一,形成时期大约相当于中原地区的西周时期。当时,中原地区已经进入奴隶制社会,而岭南还处于原始社会末期,还没有形成国家,只有部落联盟和君长。广州地区就是南越族的一个大的聚居地,并且是南越族的经济和文化中心[3]。

由于五岭山脉像一道天然的屏障将珠江流域和长江流域分隔

开，岭南和中原地区的交往非常困难，岭南的历史发展比中原慢一步。据《史记》记载："楚越之地，地广人稀，饭稻羹鱼，或火耕而水耨。果隋蠃蛤，不待贾而足……无饥馑之患……无积聚而多贫。"[4]这段话表明了当时的社会生产力状况，农业种植采取的是"火耕水耨"法，大致已掌握种稻方法，以大米为饭，捕鱼为汤，由于地广人稀，不会出现饥饿无食的现象。但是也没有什么积累，比较贫穷。因此南越人被视为"南蛮"，岭南地区也被视为"瘴疠之乡"。

古代的广州是南越族主要的聚集中心，其生活习惯、文化习俗与中原汉人有很多不同。据记载："九疑之南，陆事寡而水事众，于是民人被发纹身，以象鳞虫，短绻不绔，以便涉游，短袂攘卷，以便刺舟。"[5]即是说古越人由于主要聚居在水网湖泊地带，渔猎活动在生活中占有很大的比重，水产如贝类、蚌、蛇等是南越人的主要食物，因此南越人居干栏式建筑，善于用舟、熟悉水性，喜欢穿短衣裤、喜食蛤贝等。南越人还喜欢把头发剪短，在身上纹有图案，以避免蛟龙之害。另外考古还发现，南越人有拔牙和把牙涂黑的风俗，叫"凿齿"，是一种表示成熟或婚俗的标志。南越人使用的陶器表面大多数压印有几何形的方格纹、曲尺纹、米字纹、水波纹等，学术界称之为几何印陶纹。和北方地区主要使用彩陶和黑陶不一样，珠江三角洲地区是几何印陶器最发达的地区。

古越族文化受楚文化的影响较大，楚文化有着巫术、幻想、神话和狂放浪漫的特征，有猎首和食人肉的习俗。《楚辞·招魂》"魂兮归来，南方不可止，雕题黑齿，得人肉以祀。"汉王逸《楚辞章句》注曰："昔楚国南郢之邑，沅湘之间，其俗信鬼而好祠，其祠必作歌舞以乐诸神。"楚文化有尚黑色、赤色的特性，张正明《楚文化志》上说，"楚漆器都以黑红漆为地色，一般在器表髹红漆。纯黑漆的漆器是漆工中最基本的做法，许多纹饰都是在黑漆做成之后加添上去的"。

早期的广州城市形态仍反映了其古越遗风，主要表现在城市中有适合水上居民居住的水上"浮城"和建筑装饰风格上。

古广州的水上居民，人称"疍家"或"疍民"，"疍户其来历不可考。有谓秦使尉屠睢统五军，监禄杀西瓯王，越人皆入丛簿中，莫肯为秦，意即其遗民以舟楫为宅，以捕鱼为业"[6]。这样说来，这些水上居民是原来岭南土著居民的一部分，因不肯归顺秦朝，所以匿居水上，世代相传，成为漂泊江河的水上人家。在19世纪中期，广州附近水面上生活着大约8万"疍民"。封建统治阶级拿他们当作贱民看待，并规定"士人不与结婚，不许陆居"，长期以来，受到陆地社会的歧视。"疍家"的船只除了每年的渔汛期部分船只出海捕鱼，或从事海盗活动外，大多数则聚集在以广州为中心的珠江水网地区，从事贩运、饮食、娱乐业等活动。这些船都有固定泊位，沿着岸边密集地一排排地停靠，形成了一座水上"浮城"。据清中期《粤屑》记："沙面妓船鳞集以千计，有第一行第二行第三行之目，其船用板排钉，连环成路如平地，对面排列，中成小巷，层折穿通……"连在一起的船只形成了一排排的"陆地"，一排排的"陆地"又隔出了众多水巷，小贩驾着小船穿梭于水巷中，叫卖兜揽家庭产品以及从事剃头修面、看相算命等诸多生意。这片水上"浮城"非常繁华，一位美国人威廉·亨特（William C. Hunter）记录了1825年2月的一天这片水上"浮城"的景象：

"从内地来的货船、客船、水上居民和从内地来的船艇、政府的巡船及花艇等，其数目是惊人的。此外，还有舢板，以及来往河南的渡船，还有些剃头艇和出售各种食物、衣服、玩具及岸上店铺所出售的日用品的船等；另外还有算命的和耍把戏的艇——总而言之，简直是一座水上浮城。这条江给人一种极好的感觉——毫不停息的活动，低微的噪声，生机勃发和愉快欢畅。"[7]

在沙面一带，集中了专门作为酒楼和妓馆的船，在船上设厨房，叫"行厨"，有小船也有大船，生意非常好，船上设楼阁台榭，宛若陆地，装饰奢华。周寿昌《思益堂日记》记："……沙面其最胜者，置船作行厨，小者名紫洞艇，大者名横楼，船极华缛……一宴百金，笙歌彻夜。"《粤屑》也记"……架木成版屋，为廊为房，为厅为堂，高阁台榭毕具，又若亭若馆若苑不一名，金碧迷离，皆用洋锦……铺地，不知其在水上也。孔翠篷窗，玻璃棂牖，各逞淫侈，无雷同者。又有花船横楼，摆列成行，灯彩辉煌，照耀波间。"

这种水上"浮城"的存在，是广州古代商业港口城市经济繁荣的一个特征。古代珠江三角洲地区，大小河流如同一个网络一样联系着都市和乡村，大小的船只充斥于城内河道、珠江水道，是商品流通的主要运输工具。这些船只聚集成"城"，船民们可以在船上进行买卖交易，方便了水上居民生活，客观上又为陆上居民提供了一个休闲娱乐的场所。由于交通工具的发展，从20世纪初起，火车、汽车逐渐成为了主要运输工具，水上"浮城"就自然衰退了。不过到民国初年，仍有大约10万人口生活在水上（图5-1），只是这时已完全没有了昔日的

图 5-1-1　水上居民

图 5-1-2　艇仔过海

繁华景象，昔日繁华的水上"浮城"已成为一个蚊虫滋生、环境恶劣的贫民窟。解放后1960年至1971年，国家拨专款兴建了水上民居新村，直到最后一批水上居民全部上岸定居，结束了他们世代水上漂泊的生活，水上"浮城"也就成为过去的历史了。

古越文化对城市形态的影响还表现在城市建筑色彩、山墙脊饰、室内装修等方面。古代南越人尚黑，除前面说过的有"凿齿"或把牙齿涂黑的风俗、爱着黑色的衣裤外，在建筑色彩上，虽然古代广州的建筑遗留下来的不多，但我们从陈家祠和广州附近城镇（主要是西江文化圈城镇）的建筑色彩和西洋油画中可以推测，广州古代大量建筑喜欢用黑色或灰黑色（图5-2）。建筑屋顶用小青瓦覆盖，用灰砖砌墙，建筑浮雕装饰，不论何种题材，上施何种颜色，都多用黑色打底。比如山墙的檐边，常用水草及草龙的图案作装饰，先以黑色为底，再以白色凸纹作水草图案或草龙图案，黑白相间，非常醒目（图5-3）。又比如南越王墓的壁画，也是以黑色为主色。其实，这种黑白搭配，也是古代中原常用的配色之一。《周礼·考工记》中说："画缋之事，杂五色……青与赤谓之文，赤与白谓之章，白与黑谓之黻……五色备谓之绣。"只是这种搭配更适应南越地区人们的审美习惯，所以一直沿用下来。广州19世纪后期以后随着西方建筑文化的影响，建筑色彩逐渐多样化，但这一建筑色彩偏好在西江文化圈中的许多城镇仍旧保留了下来。古代南越人以渔猎为生，由对鱼类动物的敬畏而形成图腾崇拜，后来由于汉文化的传入，形成龙的图腾崇拜（图5-4）。

在西江文化圈中的许多城镇的民居、祠堂的封火山墙多高高耸起，形似镬耳，所以有这种镬耳的房子又叫"鳌耳屋"。"鳌"即鳌鱼，相传好吞火降雨，所以为人们所崇拜。这种鳌耳山墙，如按潮汕地区的金式、木式、水式、火式、土式的"五行式"山墙划分,其形式为水式,这与"吐水"及"厌火"有一定的关系[8],因此这种有一定的功能又带有特定隐喻的形式,便成为一种长期流传的建筑符号,只是我们今天在广州再也不容易看到这种符号了。除"鳌耳屋"外,广州古建筑同西江沿岸古建筑一样,屋脊常用鱼形吻及倒悬鳌鱼置于正脊两端,屋脊的轮廓线因此而变得生动。

屏风和隔断是在先秦时期已经出现的室内陈设用具,是建筑室内装修的主要体现者,其用途是挡风或遮蔽。在南越王墓主棺室中发现了一座折叠式漆木大屏风,这也是我国考古发掘中首次发现的一座早期实用屏风。这座屏风设计巧妙,结构复杂,装饰精美华丽,屏风立面按中轴线严格对称,上面装有青铜立体雕刻品,有力士镏金铜托座一对,蟠龙镏金铜托座一对,双面兽首镏金铜顶饰三件,朱雀镏金铜顶饰一对,在朱雀顶饰的插筒中,原有很长的色彩斑斓的雉鸟尾羽。屏风工艺精美,有一种雄浑有力的气势,在显示王室高贵、古典的气息的同时,还有一种"荒蛮"之气融于其中,含有许多神秘色彩。后来屏风和隔断在广州传统的居住建筑和商业饮食建筑中广泛运用。广州的隔断常用半隔断,即在隔断的顶端不与顶棚相交,而留有一段空隙,用作通风和透气。隔扇的镂空雕刻纹样题材主要是神兽、神话或历史故事、花鸟鱼虫等,有一种古朴、豪放、繁俗的风格(图5-5)。其他的一些室内陈设品和室外的砖雕、灰雕也有同样的风格,陈家祠的雕刻就是最好的例证(图5-6,图5-7,图5-8)。

图5-2　20世纪初的陈家祠

图5-3　鳌耳山墙

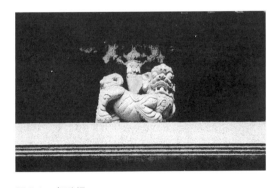

图5-4　虾公梁

古南越文化总的说来还是中国古代的一种区域文化，随着楚国和越国的灭亡，楚文化鼎盛时期的光彩也黯然失色，并慢慢被中原文化融合，但是其重直观、重感性的个性特征却被保留下来，不仅表现在经济生活、政治生活的各个层面，也表现在城市形态上。相对而言，人们更多地着眼于功利实用、感观享受，较少科学抽象，故其思辩性、理论性不强，但却因顺其自然、富于个性而充满了活力，易为市民所接受。

图 5-5
清代广州旧式客厅隔断

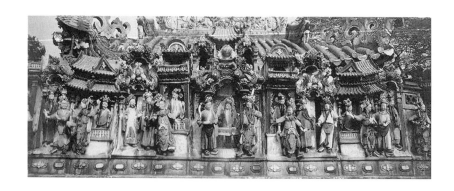

图 5-6
屋脊灰雕

图 5-7
屋脊砖雕

图 5-8
屋脊石雕

第二节　中原汉文化的移入与城市形态

　　岭南文化是以古南越文化为原点的,但是岭南文化的中心城市广州的规划布局却从一开始就反映了中原汉文化的特征,也就是说城市以中原汉文化为主体,从秦代开始大规模的中原人士南迁、中原人赵佗建立南越国时就已经确立了。

　　历史上南迁岭南的汉人主要有两部分,一是普通的人民群众,这部分人数量大,多为青壮年劳力,且有较丰富的生产和技术经验,他们进入岭南不但补充了劳力,而且还带来了中原地区先进的建筑技术和经验,促进了岭南地区的经济发展,而经济的发展是城市发展的最根本动力;二是上层人物,包括文臣武将、名门望族及各种行政管理的官吏,他们有的是中央派来作官为宦的,也有的是被贬谪而来的文臣武将,还有的是远游而来的诗人、学者、道士。这些人具有较高的文化科学知识和丰富的管理经验,他们进入岭南后对组织生产、管理社会、促进民族融合、发展科学技术和文化教育起了积极作用。而且对城市建设也起到了积极作用，例如，东汉的马援，在平定了交趾的叛乱班师回京时沿途就"辄为郡县治城郭，穿渠灌溉，以利其民"[9]。

岭南人士北上或求学，或应考，或为官，直接地接受了中原文化的熏陶，也带回了中原文化，促进了南北交融，在岭南历史上出现了如唐代张九龄、慧能，宋代的余靖，明代的海瑞、邱濬、陈献章、湛若水、袁崇焕，明清之际的屈大均等著名人物，他们对沟通南北文化作出了贡献。到了近代，岭南更是人才辈出，独领风骚，洪秀全、康有为、梁启超、黄遵宪、孙中山等成了改革中国的风云人物，岭南文化从近代开始辐射全国。

所以秦汉时期岭南城市在接受较高文化的影响中很快地"汉化"了，而作为统一的华夏文化的政治中心城市，其早期城市规划布局思想也与中原同出一辙，比如体现宗族礼制的南越国都城的建设、体现尊卑礼制的兴王府都城的建设。到了明清，广州城市建设中更注重整体的山水环境，形成了独特的"六脉皆通海，青山半入城"的总体空间格局和"三塔三关锁珠江"的大的空间意象。为了便于更进一步的分析，我们不妨将影响广州古代城市规划布局的多种文化观念，大体归纳为如下几个方面：①社会礼制观念；②法天象地、模仿天界空间秩序的思想；③风水观念。这些观念如果归结为一点就是古代中国人在城市规划上力求表现自己所追求的"天人合一"的理想。"天人合一"指的是人与自然之间的和谐统一，体现在人与自然的关系上，就是既不存在着人对自然的征服，也不存在着自然对人的主宰，人和自然是和谐的整体；体现在社会与自然的关系上就是注重寻求人伦社会和个体人格的和谐，以及自然和社会整体的和谐。

社会礼制观念注重社会与自然的和谐发展。古代中国人相信，如果社会人际之间也如天地宇宙一样，有着严格的等级秩序与协调的相互关系，社会就达到了理想的状态。礼制制度源于《周礼》、《仪礼》、《礼记》三部典籍，它是中国古代社会政治制度、社会思想、传统文化、伦理观念建构的基石。礼仪制度的范围非常广泛，几乎包括诸如祭祀天地、敬奉神祇、军事征伐、政治体制、朝廷典仪、建筑营造、陵寝勘察等社会生活的所有方面。由于人与城市的关系最为密切，因此城市的布局也被法律化为礼制制度，并形成了整套营国制度，如《周礼·考工记》中的记载，后来历代就将这种营国制度演变为一种城市空间布局的基本观念，于是方形城池、经纬道路、王城（官衙）居中、左祖右社成为中国古代城市最为流行的空间布局。

早期由于古人对客观世界的认识非常有限，因此祭祀神明、祈求保护是最重要的社会活动。这时的祭祀活动多在家族的宗庙举行[10]，据有关专家研究，春秋以前没有大朝贺的礼制，上朝的仪式比较简单，由于掌权者都是贵族，重视宗法制度，宗族内的重要礼仪在宗庙举行，政治上的重大典礼也放在宗庙举行。在古代人的居家观念中，"西者为上"，如《礼记》就说，"南向北向，西向为上"，王充在《论衡》中也说"夫西方，长老之地，尊者之位也。尊长在西，卑幼在东"。由于家国同构的观点，这种思想很自然地影响到都城的形态布局。

春秋战国到秦汉时期的中原都城布局，都是小城连大郭的城市布局。春秋战国时代诸侯的都城如齐临淄（在今山东淄博市）、郑国韩国都城新郑（在今河南新郑县）、晋国都城新田（在今山西侯马市）、魏国都城安邑（在今山西夏县）、赵国都城邯郸（在今河北邯郸市），这些都城布局的共同特点是西"城"和东"郭"相连。

齐临淄的西南小城和东北大郭相连，小城的形成年代晚于大郭，并且占据了大城的西南角。从小城的城门和道路来看，是坐西向东的，其中东北二门是通向大郭的门道，建有门阙建筑，东面的门阙比较突出；郑国、韩国都城新郑和齐临淄的布局基本相似，分为西城和东郭两部分，也是坐西朝东、以东面为正门的，手工业作坊和市区主要都分布在东郭区，只是新郑的西城位于东郭的西北；赵国都城邯郸也和齐临淄的布局基本相似，宫城在大郭西南，只是宫城由三个小城组成"品"字形，城墙不和大郭连接，其他的不再赘述。这种小"城"连大"郭"布局的采用，首先是由于军事的需要，正如《吴越春秋》佚文所说，"筑城以卫君，造郭以居民"。春秋战国时期，战争十分频繁，建筑城郭的主要目的首先就是为了加强军事上的防守，利用城郭作为防御工事是当时很重要的战术，城墙逐渐成为中国古代城市最主要的形态要素。其次是由于政治因素的需要，由于国家的建立，需要建设一系列的中央高级官署，形成一个集中办公的区域，所以建立小城，大郭的建设主要用来安置平民百姓的生产居住和驻屯军队。

据杨宽先生研究，在早期都城建设者中普遍遵循西面小城、东面大郭的布局[11]。自西周初期周公在洛阳建设东都成周，开创了西面小城连接东面大郭的布局形制以后，"西城东郭"这种城郭连接的布局形制就在早期的城市中被推广使用，西周这种西城东郭的制度，不但为春秋战国时代中原各诸侯国采用，而且也为秦都咸阳、西汉长安所沿用[12]，并且也影响到南越国都城的建设。

"西城东郭"的布局形态反映了中国早期"坐西朝东，以西为尊"

的以宗族为中心、家国同构的礼制。但是到了战国时代，由于社会经济的变革、中央集权的政治体制的确立，朝廷的重要性开始超过宗庙，许多政治上的大典开始移到朝廷上举行。到秦始皇统一六国，就扩大推广朝贺礼仪。西汉的宫殿建筑本身是坐北朝南的，但整个城市本身是坐西朝东的，呈现出一定的不协调性，所以在东汉以后整个城市改为坐北朝南。"居中为尊"也是中国古代的礼制观念，《荀子·大略篇》中就有"王者，必居天下之中，礼也"的说法，《吕氏春秋·慎势》说"古人之王者，择天下之中而立国，择国之中而立宫"。所以在东汉以后历代帝王都将"制中"作为都城和宫殿建设的基本原则。曹魏邺城将宫殿区布局在全城南北中轴线上，左宗庙，右社稷，以合礼制。唐长安也将宫城、皇城置于全城的中轴线之端，集宫祖社署为一体。唐代长安分内城和郭城，内城位于郭城的北部正中，近正方形，后半部是宫城，前半部是皇城，宫城和皇城之间无城墙，有一条横街间隔。这个内城形态结构，完全是适应政治统治和适应"三朝"（外朝、中朝、内朝）的政治皇权制度、突出尊卑礼仪的需要，如承天门及其门前横街宽411米的建设就是为了适应三大节（元旦、冬至、千秋节）大朝会的需要。西汉以前都城布局坐西朝东，是继承维护宗法礼制的需要，东汉以后，都城布局改为坐北朝南，是推崇皇权体现尊卑的礼制的需要。当时在中央集权的政治体制之下，为了推崇皇权，适应越来越隆重的的礼制的需要，建筑需要起到两方面的作用，一方面需要有足够的建筑空间，以进行一系列的朝贺礼仪，另一方面需要有极高规制的壮丽气势，以象征和显示帝王的至高无尚。因此唐长安以宫城为主体，全城采用南北向的中轴对称布局，朱雀大街从南城墙的明德门向北面直通宫城的承天门，既便于集合群臣举行大典，更可以因此增加建筑群"坐北朝南"的整体气势，以体现封建王朝权力的高度集中统一和帝王的至高无尚。

广州南汉兴王府的建设，内城位于城北居中，分宫城与皇城两大部分，宫城里有昭阳殿、乾和殿、文德殿、万政殿等宫殿建筑。这些殿堂豪华壮观，规模宏大，坐北朝南，居高临下，城区东、南、西三面围绕内城，以原清海楼直街（今北京路）为中轴线对称布局，为了突出皇权，改清海楼为双阙，用来标示宫殿建筑群的隆重性质和至高无尚的等级，强化威仪，渲染宫殿区的壮观气势。在河南今南武中学校址，建有祭坛。

"天人合一"还基于地界与天界空间秩序的相互对应与摹仿。"天"是古代人最早建立起来的自然概念，古人认为天国的核心是紫微垣，位于北极之中天，以四象五官二十八星宿为主干，构成天国的主体框架。紫微宫是天帝太一常居住的地方，位于五宫的中央，又称"中宫"，中宫的另外一组重要的星阵是"北斗"，地位也很高，司马迁的《史记·天官书》称之为"璇玑玉衡，以齐七政"，"运于中央，临制四方"。中宫以外的东南西北四个方位分别有"四宫"环绕，异向同心，成拱收之势。四宫由二十八星宿组成，因其形状似飞禽走兽，故又称"四象"，即东方苍龙、西方白虎、南方朱雀、北方玄武。自夏商至西周，由于"天有九野，地有九州"（《吕氏春秋·有始览》），渐渐形成天下九州的观念。对天下四方五服的划分，也与对天界的四方二十八星宿的空间分划概念有关。天界的模式虽然是古人头脑中想像的产物，但是在实际的城市、建筑营造活动中，人们又往往以摹仿理想中的天国秩序为宫室、都城建设的依据。秦都咸阳，立信宫为"极庙"以象"天极"，"筑咸阳宫，因北阪营殿，端达四门，以制紫宫象帝居。引渭水贯都，以象天汉，横桥南渡，以法牵牛"。汉建长安城，"城南为南斗形，北为北斗形，至今人呼汉京城为斗城是也"。隋代立东都洛阳，亦认为洛阳是"天地之所合，阴阳之所合"的帝都之象，故效仿秦始皇，以"洛水贯都"，以象河汉、牵牛[13]。广州南汉兴王府的建设也仿天上二十八星宿，在城市的东、南、西、北四个方位环城设二十八寺，其中四个方位各有七寺。相传南汉皇帝刘䶮胆大妄为，作恶多端，担心事业有如"牛角"遭到灭亡，故仿照天界设寺，求得庇护[14]。

对"天人合一"理想的追求，导致了古人对自然环境本质和规律以及对人类生活影响的探索，并逐步产生了风水学说，其实质就是指导人们如何选择最为适宜的居住环境。明清以后，广州古城建设更注重城市周围独特的山水环境条件，形成了独特的"六脉皆通海，青山半入城"的城市空间形态格局和"白云越秀翠城邑，三塔三关锁珠江"的大的空间意象。

中国古代城市选址和城市空间格局非常注重整体的脉络形势，古人道："欲知都会之形势……必先考大舆之脉络。朱子云：两山之中必有一水，两水之中必有一山，水分左右，脉由中行，郡邑市镇之水旁拱侧出似反跳，省会京都之水，横来直去如曲尺……山水依附，犹骨与血，山属阴，水属阳……故都会形势，必半阴半阳，大者统体一太极，则基小者亦必各具一太极也。"[15]城市大小不同，其脉络形势也不同，"若都省府州县邑，必有旺龙远脉，铺第广布"，"干龙尽为州府，支龙尽为市村……"[16]广州历来为古代堪舆家认为是"大聚会"的都会格局。按古代堪舆家的观点，广州城从龙脉来势来看，龙脉雄大，为都会格局，所以是"五岭北来峰在地，九洲南尽水浮天"的风水宝地。

明代越秀山五层楼的修建更是强化了这种风水格局，这是广州古代城市设计上的一个不朽杰作。由于广东偏居东南一隅，来龙既远，形势雄大，极富"偏霸之象"，再加上历代以来的城市发展，广州古城的山水格局已成为龙蟠虎踞之地，甚为形胜，所以明永嘉侯朱亮祖戡定南粤后，不仅增筑北城，将古城扩展到越秀山中，形成"青山半入城"的形态，而且假借压岭南之王气，在龙首之位修建此楼。而五层楼的修建，早已超出建筑本身的意义，它加强了原有的山水形胜，形成了城市空间制高标志，增强了城市空间景观魅力，奠定了明以后古城空间的天际轮廓线。明朱亮祖对于广州古城的精心营建及对城市山川形势的独特意匠可谓广州城市建设史上的杰出范例。

对于广州古城的风水形胜，堪舆家认为也有不足之处。按古代"水格"观，水来自西北方（乾方）为天门，流出东南方（巽方）为地户，水的最佳流向应该是从西北的天门流入，从东南的地户流出，特别是对于坐北朝南的城市来说，东南方又是生气方，流入、流出之水应有"捍门砂"和"水口砂"锁关。珠江自西北流入，在古城前凸成"冠带形"环抱古城，最后向东南由虎门、蕉门、洪奇沥三个口门入伶仃洋。对于广州的山水形胜，堪舆家认为："中原气至岭南而薄，岭南地最卑下……其东水空虚，灵气不属，法宜以人力补之。"因此在地户位置先后修建了三座水口塔。三塔的修建，弥补了山水环境的不足，关锁珠江地户水口，壮了形势。在珠江天门的位置，有三座石岛，从西向东依次是浮丘石（西门外）、海珠石（城南江心）、海印石（旧火车站），这三座石岛形成了天然的关锁"天门"的"三关"（后在其上建有炮台）。"三塔三关"的形成，使古城的山水形胜更为缜密。"白云越秀翠城邑，三塔三关锁珠江"的大空间意象因此而完成。广州古城的空间形态经过几个朝代特别是明清以来的精心营建，其城市已位于四周龙、砂、水等重重关拦的"天心十道"的中心位置，其"规制日趋雄壮，尽据山川胜焉"，其"三塔三关"的营建是广州古代建设史上的又一不朽杰作，同样它在城市空间结构中的象征意义超出了建筑本身，"三塔三关"成为古城大空间领域的限定标志，扩大了城墙内有限的空间环境。这一构思设计的直接动因，与其说是出于风水舆堪之术，不如说是古人对空间的独特理解和独特的设计意匠，也就是一种容天纳地、依山控河、中心四达的人与自然二位一体的追求。

近现代以后,广州城市无论是天际线还是平面范围早已突破了以前的格局,城市空间形态发展如何保持其特色已成为一个突出课题。我觉得空间特色不是一种固定的格式、手法、形象,而是一种内在的精神,如果我们真正理解了这种精神,又能结合时代的工艺技术和社会生活特征,我们就不用担心丧失自己的特色。

第三节 西方外来文化影响下的城市形态

构成广州城市文化多元化的另一个重要方面是从海上进来的东亚、西方文化。广州外来文化的影响是非常久远的,并且是长期平稳的。中国古代对外海上交通,汉朝史籍如《史记》、《汉书》就有了明确的记载,大致分为东向和南向两途。南向一途的主要港口就在岭南沿海。这是一条被外国人称为海上丝绸之路的海上航线,这条海上丝绸之路早在秦汉时已经兴起,起点在日南(今越南广治省广治河与合露河合流处,当时属象郡辖地)、徐闻、合浦。其实早在四五千年前,居住在南海之滨的南越人祖先,已经掌握了舟楫,在东南沿海巡游并已涉足到太平洋群岛,从事季节性的生产活动和原始的商贸活动。西汉时淮南王刘安说,"胡人便于马,越人便于舟",又指出越人的特长是"习于水斗,便于用舟"。从近年的考古材料也证明古越人是开发海上航线的先驱。在岭南发现的战国至秦汉时期的铜鼓上都发现了不少船纹,有简单的独木舟,亦出现了平底的小船,秦汉时期广州出现了较大规模的造船工场,1975年在广州中山四路发现了秦汉造船厂工场遗址[17],考古学家推测当时可建造载重50~60吨的木船。汉平南越后,汉武帝即派使者沿着民间开辟的航路,带领船队出使东南亚和南亚诸国,班固的《汉书·地理志》上对此有详细的记载。大规模的官办商船出海从事官方对外贸易,不仅标志着海上丝绸之路的初步形成,而且说明作为起点的广州已经成为了中国对外的贸易港口,广州的经济得到了进一步的发展,中外商人云集,各国物品荟萃,广州成为了一个海上贸易城市。从广州汉墓出土的犀角模型、扁漆壶的犀角图案及玛瑙、玻璃珠串、蓝色玻璃碗等,据考证均来自东南亚、印度和非洲等地。广州中山四路造船工场遗址和南越王墓也出土了"非洲原支象牙"和"银盒"等外来品。这些表明了外来文化与广州城市最初的接触。

魏晋南北朝是外来的佛教文化传入中国的时期,广州是最初的传入地之一。从现在所知的史料来看，晋、南朝时期是广州大建佛寺的时期，据《大藏经·传记部》统计，"六朝时广州等城兴建佛寺37所，主要集中在外国僧人停留和行经的地点，计广州城里有19所，同时也出现了写进经传的本地僧人，其事迹多属修建寺院一类"[18]；从分布来看，这些佛寺主要集中在城西，其中主要的有以下几个寺庙：光孝寺、六榕寺、华林寺[19]。这些寺院的原形已不可考，但无疑这些外来的文化为城市输送了新的血液，城市中出现了竖向垂直构图的塔，出现了须弥座、藻井、佛龛、壶门等建筑部件，建筑装修中从此有了佛教的题材如莲花、力士、相轮、宝珠等，烧香拜佛也逐渐成为平民百姓日常生活中的大事。

唐宋时期，在广州出现了外国人居住的"蕃坊"。广州的蕃坊是我国历史上最早、规模最大的外商聚居区。蕃坊始创于隋唐，完善于宋，衰落于元。宋代的海外贸易非常发达，广州是中国第一大港市，广州的外商比唐代更多，"诸国人至广州，是岁不归，谓之住唐"[20]。不少外国人在广州购置物业，长期居住下来。因此，政府为避免外商与华人杂处发生矛盾，也为了限制外商多买田宅，就划定一个地区给外商居住，这就是蕃坊。唐代、宋代对蕃客的政策比较宽松，除要求外侨遵守中国的政策外，许可他们与唐人、宋人通婚，入仕当官，开店，也可按原宗教生活风俗建房。蕃坊内设专门的管理机构——蕃坊司。蕃坊司由蕃长统领，管理蕃坊内外事务。蕃坊内设有蕃市、蕃仓、蕃宅、蕃学等。"蕃市"是蕃商进行商品交易的场所，蕃舶抵达广州后，落籍蕃坊，蕃商除交纳下碇税、收市（政府收购"珍异"等禁卖之物）、进奉（送礼）之外，其余皆可在蕃市交易，蕃坊有经营专项商品的街巷，如玛瑙巷、玳瑁巷。"蕃仓"是用以存放商品货物的地方。"蕃学"是为外商子弟和外国学生设的学堂，北宋中知广州程孟师说："大修学校，日引诸生讲解，负笈而来者甚众，诸番弟子皆愿入学。"[21]这些建筑多由蕃人设计建造，建筑形式估计多为适应他们的审美情趣的蕃式[22]。与当时城内情形不同，宋岳琦《程史》记述，"楼上雕镂金碧，莫可名状。有池亭，池方广凡数丈，亦以中金通甃，制为甲叶而鳞次……"[23]。元末来中国游历的摩洛哥阿拉伯人依本·白图泰在他的回忆中曾有记述："在这大城市中，有一区是伊斯兰教徒的居住区，这里有清真总寺和分寺，有市场……"[24]这里所指的清真总寺可能就是怀圣寺。怀圣寺的光塔，是惟一留下的完整的伊斯兰建筑物（图2-6）。在北部地区，还有专门的墓地。但是由于没有考古及相关资料，我们还难以对其空间形态作更进一步的研究。

明末清初之际欧亚航路的开通，广州率先面临了一个新旧建筑并存、中西形式交融的环境，建筑不断受到西方文化的影响，只是随着岁月的迁移，有些已经不复存在，有些还可从历史资料中追寻它们的影子。广州十三行为我们研究早期西方建筑空间形态在广州的出现提供了宝贵的资料。

广州十三行的起源，有人认为起自明代嘉靖年间，但是确有记载的却是在18世纪中期左右。广州十三行的出现，是广州外国人聚居区自"蕃坊"在元代衰落以后在广州的又一次重现，其性质有相似之处。由于十三行专门负责对外贸易业务，所以又称洋行，行商也叫洋商。洋行集中在今十三行街一带，建有十三个商馆，供外商居住，所以又叫"十三夷馆"。

十三夷馆的布局，基本上在今十三行街以南，"与十三行街直交方向有三条中国人开设的商店，与这三条街道平行的有十三个狭长的区域，夷馆南侧隔广场（填江逐渐扩展而成）临接珠江设有码头；夷馆东侧跨过小河有十三洋行及一城楼；夷馆北侧隔十三行街的洋行中有称作公所的集会处，夷馆西侧设有围墙与外侧洋行相隔"[25]。同文街位于十三行商馆范围内，介于西班牙和丹麦商馆之间，是当时一条著名的街道，街道两旁有很多店铺，商品主要提供给外国人，从早期西洋画[26]中我们可以看到这条街明显地是按西洋风格布局（图5-9）。这些夷馆由外商出资建造，由外商居住使用，其建筑形态完全是西洋风格，与内城形态不一样。根据日本学者田代辉久的研

图5-9
西洋画中同文街街景

图 5-10
西洋画中的十三行

图 5-11
西洋画中的十三行

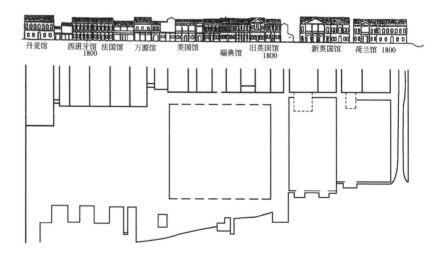

图 5-12
十三行平立面图

究，在广州十三夷馆的发展与演变中，建筑形态历经了两个时段，以 1822 年的大火烧毁夷馆为分界线，1822 年以前夷馆的建筑形态是按帕拉第奥风格建造的，早期来广州从事外贸的英国商人带进的建筑形式正是当时英国流行的样式——帕拉第奥，到 1850 年重建十三夷馆时，开始采用外廊建筑式样。我们可以看到十三行的商馆是沿珠江一字排开，前面有广场和花园，广场和花园前面是码头，形态布局比较简单，但是同当时城内相比却是完全不同的，它反映了中西两种文化主导下的城市空间形态的不同，形成了城市早期二元拼贴的特性（图5-10，图5-11，图 5-12）。

鸦片战争以后，十三行商馆被战火毁坏，在沙面出现了按功能规划呈方格路网的租界（详见第三章），沙面建筑的样式基本上采用外廊式殖民地样式，结构形式主要为钢骨混凝土和钢筋混凝土，地面主要为木地板和水磨石，尤以水磨石的质量最好。建筑的外观形态，大体上可以分为三类：一是后巴洛克式形态（Neo-Baroque）。19世纪的折衷主义也可称为巴洛克风格，它是流行于当时建筑、绘画、雕刻、工艺等部门的一种艺术流派，在建筑形式上追求巴洛克建筑的动态感以表示对新古典主义的抗争，并在对称结构的基础上加以巴洛克装饰。二是新古典式形态。模仿西方古典复兴式手法，追求雄伟、严谨的风格，建筑平面体形规整，立面为对称式构图，一般以粗大的石材砌筑底层作为整幢建筑的基础，以古典柱式处理为主要造型的手段，加强细部装饰，手法十分灵活。三是券廊式形态。这是近代西方建筑传入东南亚及广东一带，为适应地方气候条件而发展起来的一种建筑形式，平面较简单，长方形的平面周边柱廊，立面以连续的柱廊组合，形式简洁，无太多的装饰。

严格方正的格网道路布局和西方风格的建筑形态使城市中又出现了新一轮的二元拼贴。

但是从总体上看，这时广州城市中供广州人自己使用的建筑、建筑群布局还是沿着自己的轨迹发展，建筑形态没有发生革命性的变革，在材料上也没产生飞跃，

图 5-13
富人按西洋风格建造的别墅

图 5-14
受西洋风格影响的街景

第五章 多元文化影响下的广州城市形态

仅在室内外空间某些装饰要素上产生了变异。这是因为在意识形态方面,广州人同国人一样,有一种中土大国的优越感,视外国人为"蕃鬼"、"外夷",在这种思想下,广州人不可能主动吸收外来文化,但是外来的东西必然会激发人们新的审美感受,导致不同的创作灵魂,因此这些创作灵感就从零碎的建筑装饰上表达了出来。前面已谈到,十三行洋人居住的商馆建筑都是按西方建筑的形式和风格建造的,欧式的柱廊、罗马式和希腊式的柱头装饰无疑对中国传统的建筑产生了影响,西方的建筑式样一时也成为官府和平常百姓争相摹仿的对象(图5-13),从雍正、乾隆至嘉庆年间,广州摹仿西洋建筑的风气大盛,加上葡萄牙人聚居澳门所住的房子,都"必资内地工匠"进行建造,工匠在建造洋房的过程中,接触到西洋建筑的技能与技术,这给传统建筑的建造中掺和西洋建筑风格起到了不小的作用。建筑受西方文化的影响,主要表现在建筑的瓦脊、窗户等外观构件及屏风和栏杆等室内外装饰上(图5-14)。赤岗塔、琶洲塔的塔基均雕有西方人形象的托塔力士,穿着西方人的服饰;广州大佛寺,建于清康熙三年(1664年),在其大殿正脊歇山顶的山墙墙面上就用了西洋风格的"西番莲"灰塑纹饰;广州修建于清道光年间的宋名贤陈士大夫宗祠(在广州市白云区沙贝村),其主体建筑的下脊上,就以"欧洲罗马字机械时钟"来装饰;在一处乡村的北帝庙,其头门及主体建筑瓦脊上也分别用"罗马字时钟"和"西番莲"纹饰;在广州下属的番禺市及西江文化圈,很多建于清代的宗祠使用西式的装修数不胜数,洋味的瓶形栏杆、窗、门的西洋线脚等都很普遍。西洋建筑风格的盛行,也影响到室内装饰和家具制造,工匠在工艺及纹饰等方面深受西方建筑雕刻和西洋文化的影响,现故宫博物院馆藏的"广式家具中,十之六七"是有"西洋花纹"的和有"西洋痕迹的"[27],如其中的紫檀花格柜,就雕有"折枝西番莲",所饰的巴洛克纹样,"翻卷回旋,线条流畅"。不仅建筑装饰和木家具如此,瓷器、制银和牙雕行业也受到了西方文化的影响。1788年生产、现藏于皮博迪艾克博物馆的"水果酒碗",在碗的外壁就描绘有"广州商馆"的建筑景物,首层的入口和二层的拱券形柱廊,都描绘得相当细致。随着社会的不断发展进步,西方文化对城市形态的影响逐渐从建筑装饰走向全面吸收,特别是清末民初后,出现了新的城市空间形态中西方风格的大融合,城市中呈现出空间形态的多元拼贴的特性(详见第三、第四章)。

二元拼贴、多元拼贴是广州近现代城市中最基本的空间形态特征，这种特征主要是由于多种文化的影响造成的。德国历史哲学家斯宾格勒在《西方的没落》一书中以"无尽的空间"作为西方文化的象征，以"无限的平板"作为俄罗斯文化的象征，以"洞穴"作为日本文化的象征，以"道"作为中国文化的象征，这些精彩的描述概括了各种文化的精髓，也反映了作者理解的种种文化观念下不同的空间特质。为了深入研究二元拼贴、多元拼贴空间形态的问题，我们可以从"力场"的角度对之加以比较分析。

"力场"是英国艺术史学家E.H.贡布里希提出来的，他认为一种力量（如文化的、心理的、习惯的，等等）会影响到造型艺术的构成方式及构成过程。这种力场往往带有一般性的意义，比如在一个建筑组群中，总有一个中心存在，这一中心有如一个磁石，把一些附属性的建筑空间吸附在其周围，这种具有中心吸附性的建筑空间组成方式，几乎是普遍存在的，如西方中世纪的教堂，中国古代都城的宫殿、官衙、中国传统村落中的祠堂，等等。一个空间力场除了中心的吸附力外还有一些其他的力，如组群边界的限定力、主要轴线所确定的轴向张力与拉伸力、主轴线所特有的对侧轴线的吸引力等。正是这些相互作用的空间力场，形成了不同文化所特有的空间形态（图5-15）。

图5-15
两种空间原型的比较

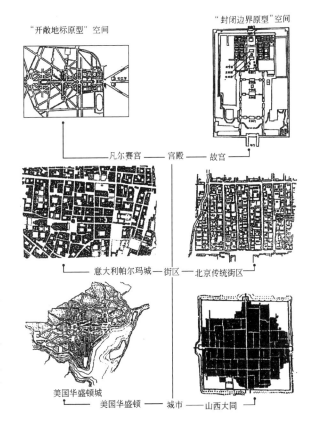

在西欧中世纪基督教建筑中，教堂建筑其正面（西侧）是开放的入口，而在后部（东侧）是封闭的后堂，所以往往在教堂的西立面的前面形成广场，广场之外，建筑群或强调沿东西方向轴线沿伸，或借教堂所形成的"力场"构成一个向外发散的街道网络，建筑沿道路两侧布置，形成中世纪欧洲城镇的普遍空间形态。西方文化受浓厚的宗教精神的影响，注重个人与神的沟通，向往无限的功能主义、纪念性的文化模式，"力场"有集合式的特点。教堂是一个地区的中心和标志,所以可以把这种空间形态概括为"开敞地标原型"。

在中国的城市中,影响空间布局的外部条件,或者说"力场"的分布条件与西方城市大相径庭。虽然也有中心的存在,也有轴线存在,但是影响中国城镇或是宫殿、住宅、陵寝、庙观布局的主要条件是沿东南西北的四个方位或者说四条边界,"力场"是分布于各个建筑组群内部的核心院落或主体建筑,有非集中性特点,同时更强调南北轴线的作用。这恐怕与中国传统思维中,以平面五方位空间图式为基本模式,并突出崇尚北辰、"面南为君、面北为臣"的文化观念有密切的关系,所以可以把这种空间形态概括为"封闭边界原型"。

由此造成的中国古代城市的空间形态,一般以一个固定的较为规整方正的边界为范围,进行内向性的布局,每座城池、宫殿、府衙、宅第、庙观甚至园林,不论建筑组群的大小如何,功能如何,其空间形态都表现出相似性,其布局大略都是向东南西北四个方位同时铺开,呈现出较为规则完整的方形或次方形的平面单元,同时城市中道路网络、建筑组群中轴线的布置都兼顾了四个方向,各个大小不同的单元空间作四方位的组合,最终形成一个整体的城市空间。中国许多古城镇都是采用方形城墙,围合一个或多个十字型或丁字型的主要街道,街道尽端设城门,在十字街的中央设标志性的鼓楼。南方地区的古城往往由于地形的限制,城墙不十分方整,城市内部街道是十字型或丁字型布局,在滨水地带由于水道水运的影响,往往形成与之相配合的形态,广州古城就是一个例子。

图5-16 番禺县署

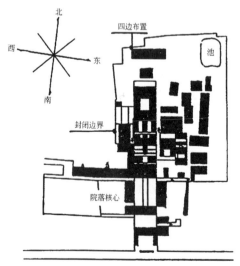

番禺县署(图5-16)、番禺学宫(图5-17)、竹筒屋(图5-18)这几种建筑分别代表了典型的几类古代城市物质形态构成要素,如官署类、学宫类、城市商业居住建筑,从空间形态上看都具有"封闭边界原型"形态的共同特点:规整稳定的方型或次方型的封闭式空间边界、轴线对称的关系、具有"力场"作用的层层核心院落等,这些功能不同但空间结构相似的城市物质要素形成了城市空间形态的基本单元,城市就是由这些空间结构单元在四个方位上作排列组合形成的。由于私人占有和封建割据,这种组

合必然导致城市整体空间的密实性和均质性的特点。在这几类城市空间单元中，最有特点的是城市中最量大面广的竹筒屋。这种建筑脱胎于粤中民居三间两廊的传统形式，大约从19世纪上半叶开始，随着城市经济的发展，城市人口骤增，城市用地紧张，地价昂贵，为适应商业高密度发展作纵向竹筒式组合而形成的。广州的竹筒屋平面布置多呈厅堂—房—天井—卧房的形式，厅堂在前面，便于会客团聚，沿街的竹筒屋常把厅堂改作店铺，形成"前铺后宅"或"下铺上居"的形式。这种纵向发展的平面形式形成了建筑外观上多进深、屋顶搭接不规则的特点，形成沿纵深方向高低错落的形态肌理[28]，方形的平面边界变型为狭窄的长条形，院落变为天井，常见的竹筒屋面宽4.0～4.2米，进深为8～12米，深的可达30米以上。竹筒式住宅联立的街坊，建筑密度之高是同时期其他城市中少见的，除了道路和一些零星的庭院外，几乎整个区域都为建筑所覆盖，建筑密度最高可达85%以上。

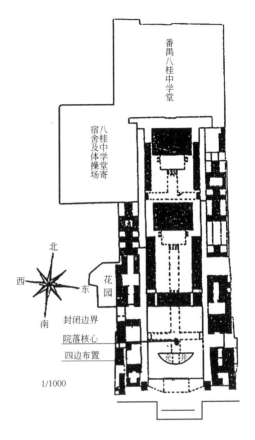

图5-19为清代广州的城郭图。从图中我们看到城市空间单元的组合最终形成了以街巷体系为骨架的古城空间形态。相对今天而言，古代广州城市的形态变化是很缓慢的，街巷格局和空间景观的形成一般没有规划图纸和强制性的法则规范，街巷布局按一种能使内部交通达至最短的布局方式为目标取向，因为丁字型街巷当时完全能满足居民步行或乘轿出行的需要和悠闲自得的日常生活需要，所以广州古城街巷基本上是不规则的。唐宋时期形成的城市中轴线经过明清以来的发展已不明显，丁字路多，死巷也多，但是这种迷津般的街巷非常有利于防御，成为仅次于城墙的重要防御手段。在这种城市空间形态中，街道空间成为了最有生气的城市空间，狭长的街道以一

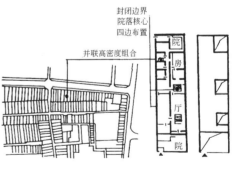

图 5-17　番禺学宫

图 5-18　竹筒屋

第五章　多元文化影响下的广州城市形态　　153

图 5-19 清代广州的城郭图

154　广州城市形态演进

字排开的店铺为界面。从店铺的建筑形态上来看,在唐代以前广州城市中的大多数建筑采用的是干栏式建筑形式,宋代以后才逐渐形成一种商业居住一起的小型店铺,这些店铺多是单一经营,铺面一至二间,多为一二层木构建筑,沿街整齐排列。底层有时用砖砌,店门比街道高出一个台阶,店门上挂有漆制招牌,店铺后面有的有手工作坊,有楼层的上部为居室,两层楼之间以陡梯相连,二楼常有一回廊,屋顶有天窗,用于室内采光。货物陈列在底层两边的货架或放在柜台后面,柜台常正对街道。楼上常悬挂着招牌和幌子,用以表示商业的特征、经营品种,宣传店铺历史和特点,如茶行的"香气宜人"、药店的"丸散膏丹,参茸饮片"、布行的"湖绉南绸"、鞋帽店的"冠袍带履",等等,有很强的广告宣传作用。有些店则直接用旗牌以"酒"、"烟"、"茶"、"当"之类的字表示其经营特征。也有用实物吸引行人的,如酒馆门面以展示烧烤卤味的低柜为标志,茶馆门面设立饼饵饰柜为标志,粉面店门面用炒粉炉为标志等[29]。由此可见,街道空间为古代城市居民交往提供了场所,具有浓厚的生活气息,是城市内部重要的公共空间。

而纵观西方的城市建筑历史,贯穿着一个十分重要的价值取向就是对所造建筑物使用功能的明确追求,对建筑物外在的精神功能的强调与重视。如古代希腊人在建造神庙的同时,还建造了供奴隶主和自由民进行公共活动的建筑与场所,如进行政治活动的的元老院议事厅、进行体育竞技或文艺活动的竞技场和露天剧场,以及进行社会交往与商业交易活动的广场。广场周围有商店、学校、会议厅、体育馆、竞技场、神庙以及供人休息的敞廊,这些建筑不仅有不同的使用功能,还有各自不同的空间特征,这和中国传统建筑使用功能不同而空间形态相似的情况是不相同的。另外,西方家族血缘的相互联系相对少一些,城市生活所强调的是每个人作为个体的存在,因此对实用功能的注重发展了一种理性的空间模式。对建筑而言,按照每一建筑的功能性特征划分空间组团,分隔空间区域,进行合理的空间组织建筑设计,而对建筑造型的"纪念性"品格的追求,导致了一种感性的以对称、雄伟、高耸的体型和体量的处理与精致的细部处理相结合以创造感人的空间艺术效果的设计手法。这种思想同样反映在城市空间形态的塑造上,强调城市功能分区,利用道路系统组织城市广场、广场上的纪念物、园林绿地,形成统一完整的构图轴线,而建筑或者说某一形式的空间单元可以用大量重复、叠加、延伸等空间组织方式进行组合，进而形成城市的总体空间形态。同时这些既有城市社会功能又有一定规模的空间体量和纪念性效果的建筑形式，也在很大程度上改变和塑造了近代乃至现代的城市整体空间形象。

广州古代近代城市形态发展中"二元拼贴"或"多元拼贴"都是以前面所论述的两种形态原型为基础的。初期两种形态互不影响且各自独立，所以城市总体上形成二元性特征；后来两种形态相互影响、相互融合，形成新的形态，所以城市中出现多元拼贴特征。十三夷馆是我们所能见到的西方空间形式在广州出现的最早实例，虽然它的形态比较简单，但仍然能反映出"功能主义"的西方传统思想。建筑沿珠江一字排开，呈开敞式布局，每个商馆都可以争取固定的码头，建筑前面是广场，广场上各国商馆彩旗飘扬，这与同时期的内城"边界原型"形态显然是不一样的，是一种带有西方殖民地文化影响的城市空间形态。沙面租界也是带有西方殖民地文化影响的城市空间形态，为了土地出租的方便，道路划分为规整的方格形，建筑规则排列，到近代中期城市中出现了多种空间形态，城市总体形态呈现出多元拼贴的特征（详见第三章）。新中国成立后，广州城市总体形态方面是以工业区布局为龙头安排其他的城市空间用地类型的，在城市广场设计、城市大街设计等方面，受到了"开敞地标原型"的影响，而"大院制"用地地块、"城中村"则明显受到"封闭边界原型"的影响。新中国成立后的空间发展由于没有充分注意到广州市旧城区长期以来形成的特有的城市空间文化，而简单地照搬了前苏联的规划模式和简单地混合了两种空间原型，由此割断了城市空间形态的连续性，城市空间形态在短时期内发生了大的变化，旧城区的空间形态中插入了许多异型空间，这种变化导致旧城区城市传统特色的削弱，而新区建设则表现为缺乏魅力及个性的城市平行空间、城市大街空间以及城市大院空间的大量涌现（图5-20，图5-21，图5-22，图5-23）。

其实"拼贴城市"的观点正影响到今天的城市形态塑造的许多方面，比如处理新旧城区的形态关系、新旧文脉的转换、城市公众的参与，等等，这个观点也是现代城市设计不再将整个城市作为自己的对象，而是缩小范围，对城市不同地段形成不同认识和不同处理方法的理论基础。

图 5-20　街道是最有生气的城市空间

图 5-21　特色店铺

图 5-22　街道是城市的公共空间

图 5-23　街道空间是重要的交往场所

本章注释

[1]　马克思恩格斯全集(第 46 卷上). 北京：人民出版社，1979.480

[2]　[3]　杨万秀，钟卓安主编. 广州简史. 广东：广东人民出版社，1996.10～11

[4]　(汉)司马迁. 史记·货殖列传

[5]　(西汉)刘安. 淮南子·人间训

[6]　清代. 南海县志

[7]　(美)威廉·亨特著，冯树铁译. 广州"蕃鬼"录. 广州：广东人民出版社，1993.11

[8]　张春阳. 肇庆古城研究. 华南理工大学博士论文. 33

[9]　两宋以前，在岭南凡是经济发展水平较高的地区，都是北方移民进入岭南时经过或定居的河谷平原地区。例如西路的越城道(灵渠)和扫岭道(连江)所连接的西江和北江流域，移民最多，经济发展水平最高，人口也最集中。中路的骑田道(武水)和大庾道(浈江)连接的北江流域，移民也较

多，故粤北经济也较发达。东部地区的海路，移民较少，且多集中在粤东一隅，对粤东经济发展的影响较小，经济的发展比较缓慢。两宋以后这种情况才发生较大的变化。

[10] 宗庙是祖先的居所，源于原始社会的宗族血缘观念，认为祖先的神灵能够庇护子孙。

[11] [12] 杨宽. 中国古代都城制度史研究. 上海：上海古籍出版社，1993.2

[13] 顾炎武. 历代宅京记. 转引自：王贵祥. 东西方的建筑空间——文化空间图式及历史建筑空间论. 北京：中国建筑工业出版社. 553~554

[14] 二十八寺并非全为新建，有些为古老寺庙，只不过在南汉时改了名，如法性寺（今光孝寺）改名为乾亨寺，为什么这样还有待更进一步的研究。

[15] （清）清江子. 宅谱问答指要. 转引自：刘沛林. 风水——中国人的环境观. 上海：上海三联书店，1995.203

[16] 阳宅集成. 转引自：刘沛水. 风水——中国人的环境观. 上海：上海三联书店，1995.203

[17] 广州市文物管理处，中山大学考古专业75届. 广州秦汉造船工场遗址试掘. 见：文物. 北京：文物出版社，1977.（1）；广州秦代造船厂遗址发掘令人振奋. 见：羊城晚报，1994-08-14

[18] 蒋祖缘等. 广州简明史. 广州：广州人民出版社，1987.11

[19] 光孝寺：原南越国第五代南越王赵建德的王府，在三国时被辟为骑都尉虞翻的讲学苑囿，虞翻的家人后来舍宅而创建佛寺——制止寺。东晋隆安五年(401年)，今喀什米尔僧人昙摩耶舍（法明）在此建王园寺大殿。该殿在以后历代有重修，现存的七开间重檐大殿为清顺治十一年(1654年)修建。六榕寺：南朝刘宋时，广州始建宝庄严寺，南朝梁大同三年(537年)诏许昙裕法师在寺内建一华丽木塔，以供奉从海外带回的佛骨，并赐号"宝庄严寺舍利塔"，初唐文学家王勃撰有《广州宝庄严寺舍利塔碑》。北宋初年，寺塔均焚毁，后重建为净慧寺，又因苏东坡题"六榕"而称六榕寺。华林寺：梁武帝普通八年(527年)，天竺国王子、著名僧人菩提达摩在泛海三年之后，到达广州，在今天的下九路西来初地华林寺附近登岸，创建了"西来庵"。清代西来庵寺院有较大规模的扩建。西晋太康二年(281年)西竺（印度）僧人迦摩罗来广州传授佛教，建三归、王仁二寺。

[20] （宋）朱彧. 萍洲可谈. 卷二

[21] （南宋）王象之. 舆地纪胜

[22] [23] 邓其生. 广州建筑与海上"丝绸之路". 见：论广州与海上丝绸之路. 中山大学出版社，1993.160~161

[24] 依本·白图泰(Ibn Battutah, 1304～1368). 依本·白图泰游记
[25] 田代辉久. 广州十三夷馆研究. 见：马秀之. 广州近代建筑概说. 北京：中国建筑出版社. 13
[26] 在摄影技术未发明之前，西欧国家基于向东方发展的需要，在商队中经常聘请一些画家来绘制地形和风景画，这些画不需要画家任何的艺术加工，仅要求如实地反映出当地的地形和风貌，这就是早期的西洋画。
[27] 胡德生. 清代的广式家具. 见：故宫博物院院刊, 1986(3). 15～16
[28] 这与江南古城镇的不太一样。联排式布置的竹筒屋进深大，外墙面小，大大减少了太阳的直射面积，使室内少受热辐射影响。竹筒屋的通风采光主要由天井、屋顶、巷道来解决。增加内天井，使中部不能直接通风采光的房间得到间接采光，这样就可加大房屋进深，有些进深大的竹筒屋，往往设有二个至三个天井。用不到顶的隔断分隔空间，也利于通风，且轻便灵活。初期的竹筒屋外观上看多为单层，但内层较高有夹层，基础用块石砌筑，墙身用清砖，或为实墙或为空斗墙，以山墙承重，瓦面层顶，门由四扇划开的小折门——"脚门"、"趟栊"和大门等"三件头"组成，大门上常帖有门神年画或"文丞"、"武尉"字样。最具特色的是"趟栊"，它是由圆木组成的横栅滑门，在夏季可以敞开大门，趟栊紧闭，既可通风又可防盗。
[29] 张代合. 近代广州建筑发展中的社会习俗因素初探. 华南理工大硕士论文. 12

第六章　广州城市形态发展演进的历史规律

通过上面对广州城市形态演进的历史回顾可以看出，广州城市形态的演进史，可以归纳为突变和整合两种过程。突变是指相对于一般的变化而言具有革命性的意义，城市旧有的形态在某种外力的作用下破坏，在新的城市功能和由此引发的新的功能要素的作用下，形成为一种新的形态；突变之后，是一段时期的整合，新的形态秩

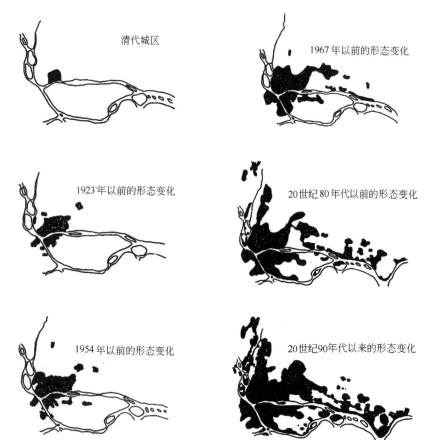

图 6-1
广州城市平图形态
扩张图

序在尝试和协调的过程中逐步建立，以至达到它的最终形式。突变和整合，使城市形态在登高和平步两个方向上共同构成发展进步的阶梯（表6-1，图6-1）。

首先，从城市形态发展的内在机制上看，城市形态的突变和整合，本质上是出自于城市形态不断适应变化着的城市功能的需要，即城市功能与形态之间的矛盾运动，在其动态的发展演进中，决定着其形态的时段特征和总体的方向。更进一步地说，城市形态的发展演变是在功能与形态之间的矛盾运动中，各具一定功能作用的城市基本物质要素在城市地域范围内的分布和组合，从而稳定地显现出不同历史时期城市空间形态的一般特征和发展的总体方向。因此城市的发展受社会经济条件的制约，"功能与形态"之间的互动，是城市形态发展的总的规律之一。

其次，从城市形态发展的外在表征上看，城市物质形态是一系列具有一定功能作用的城市基本物质要素在城市地域范围内有序的分布和组合，均受到反映城市生态和自然环境条件的影响。城市地域的自然条件及其要素如区位、气候、地形、地貌、水体、植被等与城市的整体空间结构、布局、人的生活方式乃至建筑材料的供给均有着极其密切的关系。城市形态的突变与整合，是城市形态适应环境不断协调变化的结果。正是由于城市形成发展的地理、气候环境的不同，城市在发展中呈现出与其他城市不同的特征，从而形成独特的城市风貌和特色。因此城市的发展受环境的制约，"环境与形态"之间的互动，是城市形态发展的总的规律之二。

再次，从城市形态的文化内涵上看，城市的规划建设都是人在地球上的聚居活动，是人类为自己的理想生活而进行的活动，而人的活动离不开上层建筑，它是人类生活中政治制度、文化传统、民风民俗的综合载体和具体的时空表现。因此，城市从最初发展开始，就离不开人为的规划塑造。不同的地理气候环境、不同的生产方式和生产水平，会产生不同的城市设计思想及相应的设计方法，同时政治、宗教、文化等意识形态也会对城市设计产生影响。这些各异的规划设计思想直接影响着城市形态的时段特点和发展走向。因此城市的发展受规划思想及多种文化因素的制约，"规划与形态"之间的互动，这是城市发展的总的规律之三。

下面就这三个方面的内容作一总结说明。

广州城市形态发展

	古　代				近　代	
	秦　汉	隋唐南汉	宋　元	明清（中期以前）	前　期 (1840～1911)	中　期 (1911～1936)
	南越国都城 (前204～前137)	兴王府 (917～971)	宋元广州 (971～1368)	明清广州 (1368～1840)		
城市性质功能（社会发展的任务）	• 政治、军事	• 政治、商业 • 唐设市舶司	• 政治、商业 • 宋设市舶司	• 商业、政治 • 全国设泉州、宁波、广州三处口岸 • 清康熙二十五年，设广州、漳州、宁波、云台山四海关，乾隆二十二年关闭其他三处口岸	半殖民地半封建社 • 鸦片战争的主战场，外贸地位被上海取代 • 近代工业在中国的登陆地 • 中国经济文化冲突的焦点	• 革命的策源地 • 孙中山三次在广州建立政权 • 国民党政府成立 • 陈济棠"主广" • 政治中心、文化中心
		海上丝绸之路的起点（唐宋时起点在泉州）				
					自主性的城市的近代化思想	
城建思想（规划指导）	• 仿中原诸都城 • 体现宗族礼制	• 仿唐长安 崇天观 • 体现尊卑礼制	• 受中原套城制影响 • 以礼制为主体 • 官署居中 • 街市制	• 整体的环境观 • 风水思想结合特有的山水条件	• 林则徐"开眼看世界" • 康有为"维新"思想	• 城建发展的基础：经济的发展，交通工具的发展，房地产业兴旺，国外规划理论的引入，城市管理机制的建立 • 孙中山"南方大港"计划，花园都市的设想 • 《广州工务之实施计划》、《广州都市设计概要草案》，注重都市的美化、设计

演变的历史框架

表 6-1

		现 代			
晚 期 （1936~1949）		国民经济恢复 和转型时期 （1949~1958）	大规模经济建设 及调整时期 （1958~1964）	三线建设及 "文化大革命" （1964~1978）	改革开放以后 （1978~ ）
会		变消费性城市为生产性城市，海防前线，计划经济			
• 抗日战争爆发 • 政治中心		• 恢复生产，安定生活 • 海防前线，建设主要靠地方财政 • 实行计划经济 • 对资本主义工商业的社会主义改造	• 鼓足干劲，力争上游，多快好省建设社会主义 • 开始发展一些重工业，如钢铁	• "以阶级斗争为纲" • 在花县、从化进行三线建设	• 改革开放的前沿阵地 • 对外窗口 • 工作中心转移到经济建设 • 实行社会主义市场经济 • 土地有偿使用
		引入前苏联的城建思想和规划思想，强调城市规划是国民经济计划的继续和发展	"广交会"		• 强调城市经济中心地位 • 明确城市规划的性质、地位、作用
			• 倡导"快速规划" • 压缩城市规模	倡导"干打垒"精神 "先生产、后生活""见缝插针"	
• 重建计划书		• 共编制九次规划方案 • 成片向东、向南发展 • 棋盘式道路	• 十、十一方案 • 开始采用组团式空间结构，"三团二线"、"四团二线" • 棋盘式+放射性道路	• 十二、十三、十四方案采用带状组团式空间结构 • 方格+两环道路 • 强调旧城改造 • 突出历史文化名城地位	• 对总体规划的调整、充实、提高 • 多层次组团空间结构 • 方格+环路+放射状路，多级别路网结合 • 城市规划面临自身的挑战

	古代				近代	
	秦汉	隋唐南汉	宋元	明清(中期以前)	前期	中期
	南越国都城 (前204~前137)	兴王府 (917~971)	宋元广州 (971~1368)	明清广州 (1368~1840)	(1840~1911)	(1911~1936)
城市发展方向	起源	向南	• 向南三面包围	向南	向西、向南	向东、向西北发展
城市建设及城市形态特征	• 西城东郭	• 坐北朝南 • 中轴对称 • 坊市制	• 三城并立 • 统一水道街市布局 • 街市制	• 城厢并立 • "六脉皆通海，青山半入城"的空间形态格局 • "白云越秀翠城邑，三塔三关锁珠江"的大空间环境意象	• 城厢并立 • 厂字型街巷布局 • 西关建设 • 河南开发	• 老城区的全面更新 • 拆除城墙 • 修马路 • 西村、河南等工业点的发展 • 城市内部形态变化、多元拼贴、骑楼产生、新行政中心产生、东山别墅区形成、西堤新式商业区形成…… • 城市内部贫富分化
		番坊，二元性特征，明设怀远驿			• 沙面租界地 • 多元拼贴特征	
	←——— 持续发展期(平步) ———→				← 转型期 →	← 兴旺期(登高) →

164 广州城市形态演进

续表

	现　　代			
晚　期 (1936~1949)	国民经济恢复 和转型时期 (1949~1958)	大规模经济建设 及调整时期 (1958~1964)	三线建设及 "文化大革命" (1964~1978)	改革开放以后 (1978~　　)
—	向东、向南，城市周围出现工人新村、工厂	向东、向北发展	—	• 围绕旧城区，呈质密状发展 • 沿江河、交通线放射状发展
• 城市破坏	• 传统商业、服务业、金融业萎缩 • 海珠桥及海珠广场建设 • 城市周围新建工人新村、轻工业工厂	• 城市急剧扩大，白鹤洞、员村、车陂、南岸、夏茅、江村等地跳跃式蔓延 • 市政设施获得大规模改造 • 五小工厂遍地开花，传统旧城区空间结构日趋混乱	• 城市用地扩展停止 • 城市内部"见缝插针"，空间形态更趋混乱	• 城市用地迅猛扩展，城市呈圈层式质密状平面扩展 • 城市内部高层、超高层建筑大量出现，城市空间结构趋向多元化 • 旧城区从局部修补转向结合房地产开发的全面改造，传统特色面临危机 • 城市市政公用设施建设加快，高架路大量出现
←停滞期→	←　　　　　　　　转型（平步）　　　　　　　　→			←迅猛发展期（登高）→

第一节　城市形态演进受社会经济的制约

城市形态是一种复杂的人类社会经济活动在历史发展过程中的物化形式和状态，是城市功能组织方式的物质空间表征，其形成、发展、演变的内在机制，本质上出自于城市形态不断适应社会经济背景和城市功能变化的要求，即"功能与形态"之间的矛盾运动，随着社会经济的历史发展，带来城市功能的变化，逐渐抛弃原有的与城市功能的适应态势，从而推动新的城市形态的孕育、产生和发展。

同时，由于城市的一切功能活动，都是依托于各类基本的城市物质要素的相互作用来进行的，新的城市功能，往往带来城市物质组成要素的变化，新建筑类型的出现及其有规律的联系组合，使城市形态逐渐更新，由低级走向高级。王权、商业、工业是城市产生和发展史上的三大参变因素，并构成了城市发展的三个大台阶。

刘易斯·芒福德说，"在城市的集中聚合的过程中，最重要的参变因素是国王，或者说是王权制度……在城市的集中聚合的过程中，国王占据着中心地位，他是城市磁体的磁极，把一切新兴的力量统统吸引到城市文明的心腹地区来，并置于诸宫廷和庙宇的控制下"。王权作为城市发展的参变因素，在广州早期的城市发展中起了重要的作用。

南越国建都前，古广州是一个原始的居民点，秦始皇统一中原后派秦尉屠睢率几十万大军兵分五路进军岭南，一路南攻，秦始皇三十三年（前214年）统一岭南并在广州设南海郡，可见广州城的起源发展是军事争夺胜利的结果。秦朝在岭南的统治是短暂和不稳定的，几年后统治岭南的任嚣、赵佗乘中原狼烟四起之机自立于岭南，建立南越国，定都番禺。赵佗立南越国后，原作为南海郡治的小城"任嚣城"显然不能适应一国都城的需要，于是赵佗把它扩大为周围十里。随着南越国都城的建立，任嚣、赵佗依靠武力把此地域内处于自发分散和无组织的居民聚拢，初步形成一个城市复合体。赵佗为了对内维护自己的统治，对外进行防御或进攻，选择有利位置建设以政治、军事、宗教为核心的宫城，控制着郭城之内的社会组织并对其发号施令。可见王权军事在城市早期的发展中起到了决定性的作用。随着封建制度的建立和长时间稳固的发展，维护封建统治、推重皇权礼制的政治功能是城市的主要功能。南汉国都城的建设，仿都城长安的建设，形成宫城居中、坐北朝南、左右对称的布局，突出至高无尚、尊卑有序的礼制思想，商业、手工业主要采取的是集中管理的形式，以适应城市整体的礼制功能需要。隋唐以后，由于手工业、商业的发展，促成了城市商业街市的发达，传统的封闭市制与坊制被打破。城市商业功能的加强促进了城市繁荣，起于隋唐盛于宋代的外商聚集区"蕃坊"、明代的怀远驿、清代的十三夷馆，使广州城市形态较早地显现出由外来经济和本地经济引发的不同部分，其功能上相对独立，结构上自成一局，总体上初步形成"二元拼帖"性特征。

广州近代城市形态的发展，处于由传统的封建城市走向近代世界统一的资本主义城市的进程当中。由于外来资本主义社会的经济特点及其伴随着的新的城市物质要素和结构形式的加入，本地传统的封建经济在前者的强大影响下逐步解体，广州近代的社会经济形态和城市功能相对于中国其他大城市而言，较早突破了古代传统经济形态和城市功能的一统局面，形成了一个包括外来资本主义、传统封建主义、新生的官僚资本主义和民族资本主义等多种因素的综合作用体系，这多种因素既相互交织，又自成一局，形成了广州近代城市形态发展中多元混杂和整体拼帖的特点。

广州近代半殖民地半封建社会的城市形态，和世界各国的殖民地城市形态特征本质上并无不同，但在广州特有的半殖民地半封建的社会条件下，受上述的多种因素的交织影响，空间结构形态也更为复杂多样，从而形成了广州近代半殖民地半封建城市特有的"多元拼帖"的总的形态特征。这些拼帖式地块包括老城区、西关区、租界区、近代自发形成的工业居住混合区、规划的新市区、东山区、新的行政中心区等。

广州现代城市形态的发展，是在建立了生产资料公有制和社会主义计划经济的新制度下，在对原有的半殖民地半封建城市的社会主义改造和变消费性城市为生产性城市的思想下逐步形成和发展起来的。由于发展背景的巨变，城市的建设发展成为了国家国民经济建设布局的组成部分，服务于和服从于不同时期国家经济发展的目标和任务，广州现代城市形态，一直把城市作为一个完整的经济社会单元来考虑，从而形成了以工业用地布局为主导，以各项用地有计划配置为特色的城市形态的基本特征，其主要内容包括：实行城市工业用地和生活居住用地、道路交通、游憩绿化用地有计划的功能分区；城市居住区向工业区就近配套布置，以形成比较均衡分散、相对自成体系的工作生活单元；集中组织全市行政管理和公共服务中心；在城市区域范围内建立农副产品基地以及工业卫星城镇等。广州现代城市物质要素，在社会主义生产资料公有制和计划经济的条件下，其内容构成和布局形式发生了一系列的变化，其中最为突出的是按统一基本建设计划和功能分区原则来组织要素布局，包括城市旧城区形态、中心区形态、城市工业区形态、城市居住区形态、城市单位体制独立地块形态、"城中村"形态等，并由其相互组合，形成了广州现代城市空间结构形态的基本格局。

广州城市形态正处在不断的发展变化之中，或者说处在一个非常的阶段，并呈现出迅猛扩张和调整强化的势头。这也正是"功能"与"形态"互动的规律使然。

第二节 城市形态演进受自然环境的制约

城市的物质形态是城市功能的外在表征，城市物质形态是由一系列具有一定功能作用的城市基本物质要素在城市地域范围内有序地分布和组合构成的，均受到反映城市生态和自然条件的环境的影响。城市地域的自然条件及其要素如区位、地形、地貌、水体、气候、植被等与城市的整体结构布局、空间形态、建筑形式乃至建筑材料的供给均有着极其密切的关系。城市形成发展的地理、气候环境和与此相适应的文化环境的不同，使城市在发展中呈现出与其他城市不同的特征，从而形成独特的城市风貌和特色，使城市表现出生动而丰富的个性。

自然地理环境是人类社会依存的基础，也是城市形成发展的必备条件。自然气候环境的差异，使各个地区各自形成了具有地方特色的建筑体系和城市形态风貌。热带、亚热带的气候条件使广州的传统建筑形成了不同的建筑风格，包括平面、建筑造型、装饰、建筑用料等。热带、亚热带背山面海的生态环境，又使广州逐渐形成了独特的城市风貌包括城市用地布局、城市空间形态、城市道路肌理等。

从城市选址上来看，广州处于南海之滨三江总汇之地，向外可远通世界各国，对内有广阔经济腹地。广州城市发展两千多年来都在原址上逐步扩展，没有迁移，与这一优越的区位环境有着唇齿相依的关系。广州城市最初的形成与其负山面海的地理环境和优良的自然生态条件有关，如气候和土壤适合动植物的生长、雨水充沛、建筑取材方便、交通便利，城址选于番山禺山上，易于防洪排涝，正好印证了我国古代"凡立国都，非大山之下，必广川之上，高勿近旱而水用足，下勿近水而沟防省"的城市建设原则。

再从城市整体的形态布局上来看，古代由于经济技术条件有限，人们不可能随心所欲地改造自然，自然条件在建设过程中常常被认为是神圣不可违反的，因此城市的整体结构布局遵循建设所在地的气候特点和变化规律，因势利导，趋利避害。广州城市建设用地是由于江面不断缩小，陆地不断增加，经历了长期的沧桑演变，才形成今天的现状。据记载，珠江江岸的变迁，由晋代的 1500 米，到唐代的 1400 米，宋代的 900 米，明代 700 米，清代的 500 米，缩小到今天的 180 米[1]。到了唐宋时期城市南面江河逐渐淤积，城市也一步步向南扩展。城市布局适应这一变化，出现了许多东西向的街道，在明清以后，又向南面伸出多条小道，作为码头和挑水小路，使这一带的街道形态与中心城区不一样。明清时期，随着西关陆地的逐渐形成，城市布局向西发展。广州现代城市的发展，依据城市基本功能区各自发展的程度不同及其空间相互配置的关系，形成连片放射状多中心、多组团的大城市结构类型，也是符合客观规律的。

　　再从城市整体的空间形态上来看，地形、地貌、气候同样是城市形态形成的重要影响因素。广州城市特别是古代城市在发展中，十分重视这些自然要素，并在建设中紧密融合具体的山形水势，使城市的自然形态和人工建设相互因借，相互衬托。在建筑设计中，也遵循气候条件，并由此去塑造城市整体空间特色。南汉兴王府的建设，引水入城，使自然风景与人工环境巧妙结合，高度统一。明代广州城市建设，更是注重城市周围独特的山水环境，形成了"六脉皆入海，青山半入城"的城市空间形态格局，形成了从镇海楼(楼高 28 米，加上山坡高度高达 80 米)、越秀山、城区、江边逐渐降低的整体势态，以越秀山为背景，低平的房屋与高起的花塔(高 59 米)、光塔(高 36.3 米)、光孝寺(殿高近 20 米)、钟楼形成对比，形成了错落有序的整体景观。

　　从城市建筑风貌来看，自然气候环境的差异，使各个地区各自形成了具有地方特色的建筑体系和不同的建筑风格，包括平面、建筑造型、装饰、建筑用料等。广州地处北纬 $23°6'$，已在热带范围，太阳辐射很强，每年夏天太阳有两次正照头顶，由于靠近海滨，有海洋季风的调节，因此夏无盛暑。广州冬天下雪很少，几百年才有一次，霜时很短，多在凌晨，日出则散去，所以说广州冬无霜雪。广州位于季风区，气流南北交替，南北冷暖气流相遇就形成雨，广州是全国降雨量最大的地区，因此广州比较潮湿。如果气流不稳定，往往造成少雨时期或湿雨时期，易形成旱灾和水灾，历史上常见的飓风，往往形成很大的灾害。由于温暖多雨，广州的树木多为常绿树，冬天不落叶，终年生长，森林为热带雨林，林内优势树种不明显，藤本植物多，长势大，附生、寄生、气生植物都有，花开四季，树木常青。主要建筑用材有松、杉、樟、桉、竹等。热带亚热带的生态环境，使广州建筑逐渐形成了与中原城市不同的城市建筑特征。古代广州地方建筑材料中最有特色的是蚝壳的使用，叶权在《岭南游记》中说："广人以蚬壳砌墙，高者丈二三，目巧不用绳，其头向外，鳞工可爱。"就地取材不仅方便，也有独特的美感，还有人写诗道："扶桑花下小回廊，曲院深深牡蛎墙"[2]，反映了城市中独特的风格和韵味。到18世纪末19世纪初，城市物质形态的主要内容——建筑的类型和分布特征已趋于稳定和成熟，大体上可划分为官式建筑和市民性建筑。如官式建筑由官府出资和富商集资兴建，往往集中了当时的财力物力和人力，是建筑艺术、建筑技术的集中代表，是城市中物质形态之精华。官式建筑从平面形态上看，宽深较北方为小，用近于方形的平面，这种平面改善了室内的通风效果，减少了热辐射，使室内较为凉爽，并影响到建筑的外观形态，如屋顶平缓，有盛唐古风；从空间形态上看，由于湿热多雨多虫蛇，所以建筑室内高敞，空间通透，多用檐廊；从建筑材料上看，多用石檐柱、高柱础等，瓦顶与砖墙也广泛使用。广州地区冬夏季温差小，建筑的保温问题较小，因此广州传统建筑有墙体薄、屋顶薄、屋面荷载小、构架用料断面小的特点；由于多台风，建筑采用刚度好的穿斗结构或用山墙承重，屋面坡度较平缓，建筑高度相对低矮，以减小风力的压力，等等，已经表现出有别于北方的特点[3]。又例如在长期自然演变中形成的"竹筒屋"式传统民居，形如竹筒，便于庇荫和通风散湿；又如20世纪六七十年代，出现了新的岭南风格的建筑，这种风格的建筑是在现代主义风格建筑的基础上，用中庭、连廊、遮阳等建筑手段而不是空调等技术手段解决问题，以适应亚热带气候的特点和当时经济条件，等等。

第三节 城市形态演进受规划思想及多种文化因素的影响

从城市的文化内涵上看，城市形态是在人们长时期的文化活动中累积形成的。文化活动作用于城市建设可分为"规划建设方式"和"有机生长方式"两种。其中"有机生长方式"一般没有人为的统一的规划思想驾驭，它在多种因素漫长的、潜移默化的影响中，自发地朝着合理的方向发展；"规划建设方式"有整体的一次性把握的特点，是依照上层阶级甚至个人的意志来设计和建造城市，是对城市形态的人为塑造。

从广州古代城市总的发展情况来说，广州虽然是封建中央集权政府对岭南进行统治的政治中心，也是封建等级制度的产物，城市布局逃脱不了一般中原州府城市的形态特点，但是由于广州地处偏远，中原的政治文化势力衰减较大，在很长的时间里，广州对中央朝廷而言，是外贸港口，是"货财之源"，其经济地位更胜于政治地位，中央朝廷对广州的城市建设并不重视，所以城市的发展更多地处于自然的生长状态。其形态在商业贸易、地理条件和多种文化因素的影响下，朝着适应生产和方便生活的方面发展。

但是广州自公元前214年建城起到公元1840年的两千多年的历史中，曾经三次成为地方性政权的都城，这几个政权都具备国家基本组成要素，除有比较稳定的疆域版图外，还有自己独立的主权和政治制度以及国家机器。除明末清初的南明政权因存在时间太短，对城市形态没有大的影响外，每一次地方政权的建立，统治者都对其都城进行了大规模的规划建设，是广州古代城建史上整体上按"规划建设方式"建设时期。南越国都的建设，在短期内使广州城市从一个原始的居民点发展成为一个可以和中原其他著名城市相提并论的商业都会，南汉国都的建设使广州城市打破了三国至唐代七百多年来城市形态的格局，在南汉国都城建设时期确定下的新的城市形态总体格局一直延续到现代。在这两个时期的发展中，广州城市总体的发展明显受到一定的规划思想的控制，城市建设水平显著提高。

尽管广州城市作为都城的情况是短期的，加起来共148年，并且南越国都城在元鼎六年（公元前111年）汉平南越后，被大火烧毁，其形态布局对后世影响不大，在相当长的时间里，广州没有整体性的建设计划；但在城市规划布局、建筑设计方面除了表现出中国古代城市设计的一些常用手法，如宫署、官衙建筑居中，其他建筑沿轴线统一而有序进行布局的整体手法等之外，明清以后，广州城市建设更注意结合城市周围独特的山水环境，形成了独特的"六脉皆通海，青山半入城"的总的空间结构形态和"白云越秀翠城邑，三塔三关锁珠江"的大环境意象，并形成了外曲内方、城外延厢、以形寓意、礼乐谐和的布局形态，其设计思想成为我们今天宝贵的城市设计遗产。

民国以后，西方规划思想逐渐传入我国，广州率先受到影响，开始有了规划图纸和规划文本，至此，城市规划作为一种城市发展直接的预测控制手段，在广州城市发展中逐渐扮演起越来越重要的角色。广州建国前的城市规划主要受英美规划思想的影响，改革开放前的城市规划主要受前苏联计划经济模式下的规划思想的影响，改革开放后随着社会主义市场经济的建立，城市规划本身也在理论建构和实施管理两方面不断走向深入。

第四节 广州城市形态发展演进总的特点

相对于中国其他城市的历史发展进程，广州城市的发展是独具特色的。首先，广州是我国海上丝绸之路的发祥地，长期以来是对外贸易的中心城市，是一个商贸之都，所以城市形态发展中始终渗透着商业文化意识。其次，由于广州远离朝廷，又有南岭的屏障，易于成为传统文化的变异地和新生事物的发源地，所以城市形态发展中始终渗透着兼容并蓄、经世致用的务实精神。再次，广州是一个山水城市，其独特的地理条件是广州城市持续发展和长盛不衰的重要原因。其四，广州是华侨城市，华侨投资对城市近现代的发展有很大影响。

广州城市的发展虽历经两千多年的沧桑变化，但总的说来，在20世纪前基本上处于一种有机的慢慢生长状态，并且始终渗透着商业文化的意识。正是这种很早就已经渗透的商业文化意识，使城市在漫长的演化过程中，不断地自觉调整着内部结构形态，以适应新的城市功能的需要。广州的商业发展较早，《史记》卷一二九载："番禺一都会也，珠玑、犀、玳瑁、果、布之凑。"《汉书·地理志》："……处近海，多犀、象、玳瑁、珠玑、银、铜、果、布之凑，中国往商贾者多取富焉。番禺其一都会也。"《史记》和《汉书》所记的产品，大部分虽是本地的出产，但一小部分可能是来自附近的"化外"之地，可见从汉代起，广州便是一个交易的发达之地了。晋代南朝时期的广州是东西海上航运的起迄点，中国的高僧到天竺求法，或由广州始，或由广州归，印度的佛教徒如达摩等，也由海道来广州。这时的广州相当富庶，成为贪官污吏搜刮的目标。《晋书·吴隐之传》称："广州包山带海，珍珠所出，一箧之宝，可资数世……"《南齐书·王琨传》甚至说："南土沃实，在任者常致巨富，世云广州刺吏，但经城门一过，便得三千万也。"可见这时广州已经成为中国南方对外贸易的门户。隋、唐、北宋时，广州成为中国最大的港市，开元二年(714年)以前广州设置官方的贸易机构市舶司，管理对外贸易，购买外国商品，收抽船脚(关税)。李肇《唐国史补》记载："南海舶，外国船也。每岁至安南、广州，狮子国(锡兰)舶最大，梯而上下数丈，皆积宝货。至则本道凑报，郡邑为之喧阗。有番长为主领，市舶使籍其名物，纳舶脚，禁珍异，蕃商有以欺诈入牢狱者。"唐代居住在广州的外国商人就有数以万计。南宋、元、明初广州和泉州一起仍然是中国最大的贸易港口城市之一。明中叶至鸦片战争，他处市舶司屡有裁并，惟广州除明嘉靖及清顺治、康熙年间两次厉行海禁时代外，经常都保持着对外贸易。乾隆二十二年（1757年）指定广州为惟一的通商口岸，从此直至鸦片战争的80多年间，广州又独占中国的对外贸易。鸦片战争以后广州对外贸易的地位下降，但商业仍然发达。

城市中源远流长、发达的商业文化意识，使城市内部的建筑空间形态的兴衰周期加快。在19世纪初，由于人口密集，城区面积有限，在短时间内出现了适合城市的高密度住宅——竹筒屋，20世纪初又迅速被其变体骑楼所代替。所以正是因为长期以来城市中始终渗透着的商业文化意识，不断地调整着内部结构，传统的居住和商业建筑能够在近代以新的形式承传下来。

然而过分的商业文化也会带来一定的缺陷，往往会导致利己主义和庸俗化倾向。我们在城市发展的演进过程中可以看到，新的物质形式风格的出现是开拓性的精美的创造，但是当这种创造还处于"生猛"期的时候，往往由于缺乏更高层次的提升，很容易转入怪异、支离破碎的形式中去。

由于广州远离朝廷，又有南岭的屏障，易于成为传统文化的变异地和新生事物的发源地。在广州古代历史上曾出现过摄官制度[4]。摄官制度是岭南地区独有的现象，它的存在弥补了封建中央在岭南的统治力量不足的问题。摄官制度表明，中央政府对广州的政治控制在宋代以前相对较弱，中原文化势力在广州的衰减较大，故广州很容易成为中原传统文化变异的滋生地。在近现代，广州更是革命的策源地和民主革命的大本营，是近代林则徐"开眼看世界"和康有为维新的发源地，是孙中山革命活动的大本营，所以城市形态发展中始终渗透着兼容并蓄、经世致用的务实精神。孙中山对广州城市"花园都市"的设想在今天看来仍然意义深远。也正是由于这些先进思想的存在，广州城市在近代的发展中表现了较强的自主性。

中国的近代化是被迫开始的，但是在认识到近代化的必然性之后，中国政府也开始试行自我更新，进行自主的近代化措施，如新政和洋务运动的推行等。在这里所谓的自主性是指近代化的主方为中国政府或民族资本。广州相对于外来资本和殖民势力主导开发下的租界或铁路附属地、殖民城市而言，城市在近代的发展过程中，自主性的成分比较多。鸦片战争以后，广州同其他城市一样虽然经历了租界地的建设，但城市仍然是自主平稳地发展的。1862年广州沙面租界的建立，同上海、天津、汉口的租界在短时间内发展成为近代城市的中心和主体的情形不一样，广州的租界面积不大，而且功能单一，除对沿江西路、西堤一带的建筑及城市形态有影响外，未能构成城市发展的主体。除了小面积的沙面地区外，广州近代城市从城墙拆除、市政改善、发展计划到建筑规划管理都是由中国人自己在操作运行，因此，相对于中国其他一些沿海大城市的发展来说，广州城市的发展显出了较强的自主性。然而，西方政治势力与中方的政治势力的冲突、西方文化与东方文化的冲突是中国城市近代化过程不可回避的，正是由于城市政治与西方势力、东方文化与西方文化的不协调，所以城市建设只能在矛盾中寻求发展，其形态呈现出地域性多样化的倾向。

广州是一个山水城市，其独特的地理条件是广州城市持续发展和长盛不衰的重要原因。广州地处中国大陆南部，珠江三角洲北缘，东、西、北三江汇合处。它背靠白云山，濒临南海，气候温暖湿润，植物繁盛，其地形、地貌、气候状况为广州千年来的发展提供了优越的条件。

大约六千万年以前，广州所在的地区还是一个漏斗形的浅海湾（图6-2），越秀山南麓滨临海水，海岸线西由泥城（今西村电厂附近）转向北，东沿石牌高地蜿蜒至黄埔，前有坡山半岛和番山半岛（图6-3），现海珠区也只是几个海中的小岛。随着时间的推移，西江、北江、东江和白云山附近的流溪河、沙河、甘溪等河流带下的泥沙受海潮顶托，逐渐淤积成为陆地，番山和坡山也由两个孤岛变为两个半岛，北岸逐渐成为由白云山区、越秀山丘陵、台地和平原相杂的地区，整个地势是东北高西南低，呈东北向东南和西南倾斜的状态；在珠江南边也逐渐淤积了大片土地，形成南石头、漱珠岗、赤岗、七星岗一线的台地和平原，但其中大部分地区地势

图 6-2
远古时代广州地区地形示意图

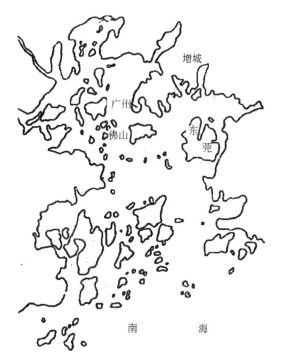

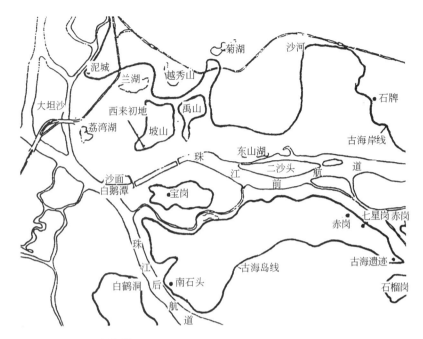

图 6-3
广州古代海岸线示意图

低洼,中间河涌纵横。

白云山山地是广州最老的地形区,形成在白垩纪,距今 6000 万年以前[5]。最高峰为摩星岭,高 382 米。白云山类似一个"地垒山",两侧下陷,中间则上升,成为山峰和丘陵;丘陵高 80～100 米,散布在白云山边缘和错落在平原之上,其中最大的一片是在白云山的西南端,和白云山的走向一致,呈条状分布,由白云山上御书岭(188.5 米)的山麓面下降为百步梯、大福岭、马鞍岭、大鸣岭、瑞狮球、飞鹅岭,过早谷到越秀山,环绕着山地和丘陵的是环山低地;在丘陵以下是台地,台地高出河面 10～20 米,是一片和缓的丘陵,如坡山、番山、禹山等,这些冈地分布由西村到黄花岗、东山,南到河南,都是台地;在台地以下是平原,是山地和丘陵中冲蚀下来的泥沙与三江带下的泥沙汇于珠江附近,日积月累形成的。例如沙河不仅以多沙得名,在沙河出口处还形成大沙头、二沙头、海心沙等平原,广州西面的白鹅潭四周就有黄沙、沙面、鳌洲、白鹤洲等平原,经过数千年的发展,如今这些地方现都成了城市用地。

广州位于"三江总汇"处,是珠江三角洲的顶点。由于珠江三角洲是由许多大小不等的三角洲复合而成的,东、西、北江没有统一的会合点,西江由西南涌分出一支和北江由芦苞涌分出的一支相会于官窑附近,经石门来到广州,向东在黄埔与东江相会,同出虎门入南海,

第六章 广州城市形态发展演进的历史规律 175

因此广州可称得上是三江总汇之地。三江是古代的内河航道，其中的东江和北江，干流各长约 5000 公里，西江干流长 2000 公里，沿西江上溯可达广西、云南、贵州，古代的内河航运以西江为盛。现在流经广州市区的珠江前航道，古代江面宽广，在宋代称"小海"，江面宽 1.5 公里，往东的黄埔就是"大海"了，可见广州所在地，是一个河口与海岸的交汇地，由于水网四通八达，因此水运条件非常优越。广州地区还有很多河谷、溪流、湖泊，淡水资源很丰富，取水方便。

这种依山傍水的地理环境，很适合早期人类从事农耕和渔猎等生产活动，从而定居下来，形成城市；优越的水系为广州以后发展为河港兼海港的城市提供了必备的条件，并为城市以后的持续稳定发展打下了基础；独特的山水环境又为城市空间特色的塑造提供了条件。

广州近现代城市的发展有赖于华侨的投资。20 世纪初海外华侨对广州进行了各种投资，其中投资房地产的资金占全市投资总数的 74.41%，投资交通业的资金占 6.15%，仅 1933 年度广东侨汇达 2 亿 5380 万元粤币，占全国侨汇总数 84.2%。这还只是指通过银行汇入的数字，通过私人钱庄者不在此数。华侨对房地产的投资包括东山的住宅、学校、医院、工厂，市区内的住宅、多间戏院和商业中心，后来还集资兴建中山纪念堂、中山图书馆等，所以广州近代城市形态的形成与华侨的投资关系密切。改革开放以后，由于政府积极引进外资，也是华侨最先积极回国投资，参与城市建设。

由于华侨多受海外文化的影响，较少受宗法礼制和繁文缛节的束缚，他们既可以接受外来的和地方的传统形式，也可以接受新的"中国固有式"，因此城市形态表现出一定的开放性和兼容性。同时华侨资本还是属于民族资本，资本的集约程度一般较低，项目投资零散，以投资回报为主要目的，因此，城市形态也表现出一定的非整体性和多样性。

本章注释

[1]　李俊敬. 珠江广州段江岸的演变. 见：岭南文史，1990(3).58

[2]　(清)王士禛. 广州竹枝词

[3]　程建军. 广东古代殿堂建筑大木构架研究. 华南理工大学博士论文

[4]　由于宋代以前岭南经济文化的落后，北方人士不愿来此，本地又提供不出多少可任正官的人士，各级官职的空缺便临时由一些有官阶无职务或罢任等待职务的闲散官员以及具有举人以上资格的人代理，这就是摄官。

[5]　曾昭璇. 广州历史地理. 广州：广东人民出版社，1991.1

第七章 新一轮城市空间结构形态的发展思路

21世纪是知识经济的世纪,21世纪是城市的世纪,世界已经被全球化的趋势所笼罩,广州城市如何发展,如何继续保持竞争中的优势地位,这也许是广州面临的又一次严峻的挑战。

第一节 全球化时代的城市空间结构形态立意

仅仅是在20年以前,广州城市的中心区还是被各级行政机构所占据,四周有高高低低的院墙围合,技术落后的小工厂与高密度的传统城市民居混合在一起,人们按部就班、四平八稳地去各单位报到上班下班。而现在情况完全不同了,市中心豪华的酒店、写字楼拔地而起,城市边缘的新兴园区、各种商住楼盘仿佛在一夜之间冒出了地面,旧中心区被拆除,筹巨资改建成高级商厦和住宅后又抛回市场,人们从几年前的因特网、电子信件、全球金融风波谈论到现在的WTO、SARS、CEPA……

由于信息技术的发展和全球运输业价格的下跌,各国发展政策的相互制约以及社会文化的逐步渗透,全球的经济、政治、文化日趋一体化。比如最近十年来,西方发达国家各大城市在全球的社会政治经济团体数量急剧上升,不仅在生产和金融方面的全球性机构数量迅速上升,而且在政治、文化方面的组织机构数量也迅速上升;又比如,1997年下半年从东南亚开始的金融风波在短短几个月的时间内就影响到全球的经济,这些都使人们认识到全球化的趋势不可逆转。因此城市经济学家预测,全球化将成为21世纪最重要的特征之一,世界的大城市将首当其冲,主动或被动地进行着全球化,全球的城市将在竞争中再一次分工,在新的逐步建立起来的全球城市网络系统中扮演不同的角色。

从西方发达国家大城市形态的发展变化来看,由于西方发达国家利用资金技术优势,把大量的生产加工性的工业移植到发展中国家,而自己作为全球生产和销售的中枢、全球的指挥中心,已经转而向以信息高速公路为先导的高技术知识产业——"第四产业"方面发展,城市中出现了非工业化趋势。人们对那些容易造成环境污染和视觉污染的厂房、货场、仓库的需求量大大减少,城市中许多工业用地闲置或改为他用,如改作绿地、公园、娱乐场所等,厂房被改建成展览馆,城市更加重视生态环境的改善和居民生活素质的提高。可以预测,21世纪全球化时代发达城市将会有以下几个方面的改变:

可以看到,随着全球化时代的到来,城市中以信息高速公路为先导的以科技文化知识的生产与传播为主体的"第四产业"——知识产业,将在21世纪的城市产业中占据越来越大的比重。也就是说,随着人类社会由农业社会步入工业社会、从工业社会步入信息社会,城市的发展也势必经历着从军事政治中心到经济中心的转移、从经济中心到信息文化中心的转移。因此,科学研究、文化创作与传播及全民终身教育将是未来城市的主要功能。因而科研机构、大专院校及图书馆、博物馆、科技馆、信息交流中心、文化艺术中心、会议展览中心等科研文化教育设施将成为城市知识产业的主要活动场所,也是城市主要的物质形态构成要素。

未来的城市中,由于信息技术的运用,大部分的城市社会职能已经转向信息化。人们可以在家里接受教育,享受医疗保健等社会服务,也可以在家里设置办公室甚至是知识产业机构,因此,家庭生活也可能发生变革而重新恢复住宅作为生产和生活中心双重功能的传统作用,城市中的商务用房的需求量会趋向减少,而城市中心区交往、娱乐、休闲场所会增加,未来的市中心是人们享受亲朋聚会的场所,是可以带给人们更多物质和精神享受的地方。纵观西方发达国家的城市发展历史,都不同程度地走过了一条对自身生存环境由忽视到重视的曲折路程,最初是卫生、健康,以后是交通、服务、游憩、效率等,当这些条件具备之后,就又转过来注重对自身生存环境品质的追求。人们向往自然,反对拥挤,因此21世纪的发达城市,是生态环境优良、空气清新、鸟语花香的城市。

21世纪最具吸引力的城市,不仅是生态环境优美、鸟语花香的城市,同时也是具有深厚文化底蕴的历史文化城市,城市中的历史文化遗产将是衡量城市文明程度的尺子。就20世纪60年代以来世界城市的发展情况来看,在追求高效率、高利润的经济目标和技术万能的规划思想下,出现了全世界城市面貌和风格趋同、情感失落的城市特色危机，由于在城市规划设计中过分强调技术的作用，忽视了城市的文化属性，忽略了城市社会结构和居民文化价值观念的相对稳定性，忽略了不同自然环境和历史环境中形成的城市文化风格的多样性，必然形成千城一面和混凝土森林的状况。地区文化及其孕含的丰富情感，也是规划设计师创作的源泉，具有文化遗迹和悠久历史风貌的城市本身就是一种优势和资源，是这座城市不同于其他城市的重要标志，是城市综合竞争力的重要方面。

纵观以上的变化趋势，可以说21世纪全球化时代的发达城市，势必是一个以信息等知识产业或科技含量高的产业为主导产业的城市，是一个生态环境优美、注重人类情感的城市，是适合不同的居民共同生活居住的城市。广州有良好的产业基础，有独特的山、水自然条件，有源远流长的文化，因此建立一个产业结构良好、生态环境优美、适合不同居民共同生活的历史文化名城，是作者认为广州在21世纪全球化时代应有的城市形态立意。

第二节 广州城市形态发展面临的挑战

其实，西方发达国家出现的非工业化趋势和发展中国家的工业化趋势是互相前提、互相促进的。从目前的城市发展来看，广州还处于工业化社会的时期。由于引进外资，新的工业园、住宅区在城市边缘兴起，城市形态基本上呈质密状圈层式不断向外扩张；市中心区仍在兴建大量的现代化商业服务设施，旧城被拆除，建筑的尺度和密度都在加大；居住社区开始出现由于人们的收入差距而产生的阶层分离现象。总而言之，整个城市正处于空前的动态演化之中，城市的发展呈现出功能复杂化和形态呈质密状周边扩大化两个基本特征，交通阻塞，污染严重。从全国情况来说，1978年，中国城市化水平为13.6%，而到1992年，城市化水平已达26%。综观世界各国的城市化进程和城市形态的变化，都呈现出一条临界飞跃的共同规律，即当一个国家城市化水平达到30%左右时，整个国家的经济社会的发展及其空间结构形态将会有一次大的飞跃，到75%左右又渐趋于稳定和平缓增长的状态，城市空间的发展也从外延式扩展向内涵式的提高，国外也称该时期为"后城市化阶段"[1]。从广州的人口总量和现代化建设的总体规模来说，广州城市正进行着有史以来最大规模的建设，整个城市正处于大剧变的时期。广州城市的这一时期的发展，既是一个严峻的挑战，又是一个空前的机遇。

作为一个发展中的城市,广州可以总结发达城市发展过程中的经验与教训。西方20世纪初到60年代的城市发展,由于城市化地区无秩序的爆炸性扩展而带来的一系列新的问题应使我们引以为鉴,美国学者刘易斯·芒福德将其过程描述为人口爆炸、近郊区爆炸、干道沿线爆炸和游憩地爆炸。在城市内部,也产生了诸如城市住房紧张、市中心过度拥挤、市政设施负担过重、城市交通阻塞、地价飞涨、自然环境破坏和传统文化特色破坏等现代大城市问题。应该看到,60年代以后,在西方发达城市,随着社会经济水平的提高和现代城市建设技术的发展,其中大部分的经济、技术问题在付出了相当大的代价后得到了不同程度的解决,但大量的环境问题和社会问题,尤其是城市发展对自然环境和人文环境的破坏,却难以在短时间内得到解决。正是为了纠正西方城市进程中的这一问题,从20世纪60年代以来倡导的人文化、连续化为宗旨的城市规划思潮及至90年代盛行的环境主义的"可持续发展"的战略原则,都反映了人类社会在推进城市文明前进过程中的不懈努力。

而事实上,从广州及全国城市发展的实际情况来看,要想避免西方城市发展中出现的城市化地区大面积的扩张是困难的,西方城市发展中出现过的四大爆炸和两大破坏也正在广州出现。从世界各国经济发展工业化过程和城市空间地域结构演变的基本规律看,西方国家曾经经历的城市大面积扩张在广州的出现不是偶然的,它实际上体现了城市形态与社会经济发展相结合,"功能与形态"矛盾运动的基本历史规律,王权、商业、工业的发展,共同构成了城市进步的三个阶梯。就工业而言,工业化的发展对城市形态的影响,一般认为可分为前工业化时期、初期工业化、后期工业化和后工业化四个阶段,其中城市空间结构发生大面积郊区化主要是在工业化深入发展的后期工业化时期,其诱发因素主要有三个,即劳动力和建筑材料等初级产品价格下跌、不断扩大的中产阶级对拥有良好设施和环境的住宅的需求,以及现代交通技术的出现提供的更大的通勤交通。在西方国家的后工业化时期,在城市规划界虽然有过遏制大城市发展、建设分散的理想化新城的努力,但终难对抗城市大扩展的历史必然而最终落空,可以说正是这种现代大城市的文明支撑着和推动了后期工业化文明的成熟,并成为人类文明迈向后工业化时代的必由之路[2]。

从广州城市发展所处的阶段而言,似正处于由初中期工业化向后工业化发展的转换时期,促使城市扩展的三大因素也正在迅速的发育之中，因此可以断言，广州城市在21世纪的二三十年出现大面积的地域扩展将不可避免。因此，只有积极地推进城市的大发展，在更大地域范围内超前建构现代化城市空间结构形态的雏形和框架，并采用市场经济的调节手段，遵循城市发展的"功能与形态"、"环境与形态"、"规划与形态"互动的规律，主动促进城市各类功能要素有秩序地向相宜方向布局，以取得西方国家城市化过程中限于认识和技术发展阶段的局限所难以取得的经济效益、社会效益、生态效益的统一，从而有效地推动和加速广州城市现代化的历史进程。

第三节　发展走向试析

鉴于以上分析，要使广州城市向21世纪全球化时代的"适居性"城市方向转化，建设产业结构良好、生态环境优美、适合不同居民共同生活的历史文化名城，我认为，必须通过疏散城市中心区的人口，阻止城市呈质密状周边蔓延的趋势，利用白云山山系和珠江水系建立大的开放型的山水相间的城市空间结构形态体系才能实现。

广州古城是一个独特的山水城市，"六脉皆通海，青山半入城"是对古城空间结构形态的最好概括，"白云越秀翠城邑，三塔三关锁珠江"是对古城的空间意象的最佳描述。广州在2000年行政区划调整后，城市建设用地范围扩大，城市空间布局可以在更大的范围加以优化。广州现代城市用地远依九连山（祖山），中有南昆山（少祖山），近抵白云山（龙山），左有罗浮山脉（青龙和护山），右有青云山脉（白虎和护山），前有莲花山为案山，面对宽阔的广花平原，珠江水系环城穿过，所以仍然是一个风水格局理想的用地。因此我们只有着眼于这种大的空间形势，以白云山山系、珠江水系为依托，建立大的城市开敞空间结构体系，才能有效地疏散城市中心区的人口，阻止城市呈质密状周边蔓延，才能创造一个生态环境优美，适合不同居民居住生活的城市。

这一开放型的山水相间的城市空间结构形态体系的建构包括四个方面，即通过构筑便捷、快速、可靠的综合交通体系和充裕完备的基础设施体系，发展完善连片贯通的城市开敞空间体系，建设高质量的城市中心、多样化生态型居住社区体系，以及低消耗高产出生态型产业园区，形成以高素质城市生活质量为核心而非城市实体形态覆盖全区域的新的城市形态。因此，新一轮城市形态发展构成包括了城市的实体空间形态体系、城市的开敞空间形态体系、城市的综合交通形态体系和城市的基础设施形态体系四大体系，本书也将从这四个方面表述其形态发展走向及相应实施的技术要点。

城市的实体空间形态体系

城市实体空间形态体系，指的是不同类型和功能的城市新旧集中建城区的统称。20世纪80年代以来，按现代化城市功能要求，广州集中建成了融金融、贸易、办公、信息、服务功能为一体的现代中央商务区（如环市东路一带），现代化购物、娱乐设施集中的大型中心商业文化服务区（如天河地区），集科技和工业开发为一体的高科技园区（如广州经济技术开发区、广州科学城、广州国际生物岛），集高等教学、研发为一体的广州大学城、区位独立而政策优惠的出口加工区（如广州保税区），加上在城市周边大片开发的住宅小区，形成了一系列新型的集中的城市物质空间。与此同时，城市周边城镇迅猛发展，特别是承担着城市若干重大项目如机场、港口、铁路枢纽等项目型城市片区的崛起，已经成为城市整体空间结构中不可缺少的集中的新的城市化发展中心。因此现在广州的城市化空间体系实际上包括老城区、新市区和新的功能片区等，已经初步形成空间上加以分隔、交通上紧密联系、功能上一体化互补的特大城市的构架。

城市物质形态体系作为"适居性"城市形态要素的主体，其发展走向首先应注意从战略性的高度处理好城市总体形态的结构框架，如城市用地发展方向，新城区与老城区的布局关系，中心城区与新的功能片区的关系等。

2000年编制的广州城市发展概念规划，提出广州将通过"南拓、北优、东进、西联"调整城市的空间结构，广州南部地区具有广阔的发展空间，随着会展中心、生物岛、大学园区、广州新城、南沙港区的规划建设，将极大地优化城市的空间结构，拉开建设，有机疏散。北部地区是广州主要的水源涵养地，在保护好北部地区生态资源的前提下，新国际机场、白云新城等重大项目的建设，必然带动北部地区的优化发展。东部地区以广州中央商务区的建设拉动城市发展重心向东拓展，将旧城区的传统产业向黄埔、新塘一线集中转移。西部地区加强同佛山的联系与协调发展，加强广佛都市圈的建设，对西部旧城区内部结构进行优化调整。城市用地在南、北、东、西四个方位的发展战略，可以解决城市单一方向发展、用地紧逼、交通滞塞、空间结构不尽合理的问题，促使城市结构由单中心向多中心转变。而且，在整体的策略中，城市建设用地大力地向南沿江河水系向海洋方向拓展，这是符合城市发展的"环境与形态"的规律的。

相对而言，城市的居住社区是最量大面广的物质空间。从广州目前的情况来看，普通城市居民对住房的选择，从前几年对居住面积的选择和相对较好的居住环境层面的关注上，转而更多地受交通条件和服务设施的限制，并大多集中在中心城区的四周，所以使城市呈质密状沿城市周边蔓延，致使城市周边地区交通十分阻塞，特别是上下班时间，环境质量也得不到保证。随着更多的小汽车进入私人家庭、人均居住面积的提高和对居住环境质量越来越高的要求，可望居住小区会向远郊发展，与城市开敞空间分布平衡，有机结合，依托城市综合交通体系，使集中的城市中心区和相对分散的居住小区形成错落有致、疏密有序、软硬相间、山水相映的城市空间形态。

在城市空间结构形态控制下的实体形态设计层面上，必须深入探究地区环境特色，寻找传统与时代风貌契合的兴奋点和生长点，并通过全面精心的城市设计加以展现和烘托。具体内容包括：

- 城市平面结构的清晰有序，新旧城市文脉的连续；
- 城市历史地段和历史风貌区的展现，如西关文化保护区、沙面历史文化保护区、上下九商业骑楼街等；
- 城市主轴线的选择与培育，包括历史轴线、新城轴线及其联系；对城市道路系统和广场群以及各具特色的公共活动场所的设计；
- 对城市重点地段包括市中心、滨水地带、纪念性建筑地带、代表性街区、标志性建筑地带等进行城市设计；
- 对城市客观存在的多向视觉走廊的控制与设计，包括城市出入口、主街景透视线、视觉制高控制点、珠江沿岸立面和城市天际线等；
- 城市开放空间系统的楔入和有机组织；
- 城市建筑材料和色彩的选择与控制；
- 城市标志系统，大到城市雕塑，小到各类广告牌、路标、指示牌等的设计；
- 城市家具设计，包括露天座椅、电话亭、书报亭等。

实际上，城市中的建筑物和构筑物构成了城市形态景观中最丰富的内容，城市的历史传统和个性特色也正是从这些具体内容中多方面、多形式地表现出来的。

城市的开敞空间形态体系

城市的开敞空间形态体系是指以土地、水、大气为主的非建筑用地空间，包括自然的山地、水面、水源保护区、生态湿地、农田、公园广场等非建筑用地。城市开敞空间的概念最早在20世纪初就已经出现，1906年英国就制定了《开放空间法》，是针对由城市化空间大扩展而产生的环境污染问题的诸多努力中的一种。从其发展而言，由于现代城市环境问题涉及内容的日益增加，不仅涉及公害，还涉及到人口、住宅、防灾、水土保持、自然和人文遗产保护、运动、游憩等，而且发生范围不断扩大，因此城市开敞空间成为了一种和城市物质形态相对应的城市大的形态构成要素，对城市开敞空间体系的建立和维护，对于改善和保障城市整体的运行效益和生活质量，具有比城市实体空间更重要的意义。在现在的城市规划中，能否为城市争取到舒展的布局框架和大片的园林绿地，是衡量新一轮城市规划是否具有远见卓识的关键所在，能否拥有大片的绿地，能否保持清洁的水源（饮用水和观赏水），能否保证清新的空气，是衡量一个城市发展质量和发达品质的重要标准。

广州城市未来发展的开敞空间形态体系，应基于区域与城乡生态环境自然情况及其承载能力，构筑"三纵四横"的生态廊道，打通汇集到珠江、密布城乡地区的河网水系而形成的网状"蓝道"系统，加上城市的基础设施廊道、防护林带、公园等线状和点块状的生态绿地，共同组成一个以注重生态环境为主导、大规模、多层次的城市生态系统。

为了保证这一宏观战略的实施，必须做好中观层次的开敞空间规划控制与布局、微观层次的开敞空间环境设计。

开敞空间的规划布局包括的内容有：

• 高标准的控制指标，如绿地总面积、绿地率、人均公共绿地面积、绿化覆盖率等，这些指标的制定与实施是宏观战略实现的重要手段；

• 合理的区位规划控制；

• 开放空间的奖励制度，这是世界各国大城市在人口密集、建设拥挤的情况下引导开发商留出更多开敞空间的行之有效的方法；

微观层次的开敞空间环境设计包括的内容有：

• 大面积成片的开敞空间如风景区、旅游区、度假区等的规划设计；

- 轴向的开敞空间设计如珠江两岸的整治规划；
- 结合自然历史要素的开敞空间序列设计，如广州在老城区，可以强化以荔湾湖、流花湖、越秀山、麓湖、烈士陵园、东山湖、珠江为外沿，以中山纪念碑、中山纪念堂、人民公园、起义路、海珠广场为中轴线的扇形开敞绿地系统，完善对农民运动讲习所、光孝寺、陈家祠、南越宫署旧址等城市文化遗迹的保护及环境改善，使之成为城市中心区开敞绿地空间的有机组成部分；
- 城市公园的规划设计；
- 城市广场的设计；
- 居住区中心绿地的设计；
- 街道的规划设计；
- 绿带的设计。

城市的综合交通形态体系

交通是人类相互作用的方式之一，人类以此为基础而结合成一个统一的社会。在马车时代，广州在城墙以内或围绕城墙在相当有限的范围内发展，火车则将广州同更广的区域联系在一起，而汽车的普及及高标准的道路系统的建设，则拓展了城市的范围，使城市成为较大地域的集合体。因此现代化、高标准的城市综合交通体系是实现有机疏散、开辟新区、拉开建设的必要和先导条件，只有建立安全、便捷、高效、舒适的综合交通体系，才能满足和支持城市物质空间形态体系开敞布局后更高的集散功能的要求。

同时，城市综合交通体系布局又往往对城市土地开发方向产生先导性影响，决定或改变着城市形态的结构肌理，城市的土地利用规划和交通路网建设将城市连为一个密不可分的整体，城市综合交通体系的规划布局在整个城市中具有更为突出的地位和更为先导的影响。也就是说，现代化的交通网络是城市物质形态的结构框架，它连接着城市中各种土地的使用，只有城市的交通结构和布局得到确定，城市的形态才有可能确定。

广州现代化的城市道路网建设走向，要考虑国家汽车产业政策的实施必然促使城市私人汽车发展的客观趋势，综合考虑交通工程建设（如城市快速道路系统、高架路、地铁等）和城市交通政策与管理的配套，处理好城市快速道路系统（包括快速环路和连接港口、独立片区的高速公路等）、城市内部街道、市际高速公路三大道路网络的套接关系，重视解决城市静态交通不足的问题，并优先发展大容量的城市轨道交通。在城市对外交通口岸建设中，要充分重视铁路、航空港、深水港的建设，并使之与城市快速道路和轨道交通系统套接。

未来广州城市的主要道路网络，将积极构筑以机场、港口、铁路为龙头，以"双快"交通体系（高快速道路与快速铁道线）为骨干的安全可靠、高效快捷的交通运输网系统，强化广州作为物、客流中心的地位，充分发挥华南经济中心、交通枢纽的作用。

城市的基础设施体系

未来的城市，是否拥有现代化的、相对充裕的城市基础设施是衡量城市投资环境优劣和城市生活质量水平高下的城市现代化的重要指标。传统的基础设施的建设，一般来说包括给水、排水、电力、绿化、防洪、公共交通、道路、公园这几项。广州长期以来基础设施建设的滞后和老化是困扰城市现代化的一个重要问题。改革开放以后，围绕着城市发展的竞争，基础设施的建设作为改善城市投资环境的核心内容，在多样化融资方式的推行下，如火如荼地在城市中全面铺开。

21世纪，信息高速公路的建设将成为未来城市基础设施建设的主角，现代化的通讯是人类相互作用的又一途径和方式。信息高速公路的出现，将把人、信息和全球虚拟公司结合在一起，它不仅决定了城市经济发展的速度，如哪些城市的经济发展得更快，哪些城市在竞争中脱颖而出成为全球性的城市，哪些城市降级为地方性的城市，而且更削减了区位的传统意义，使城市活动不再受地域范围的限制。正如刘易斯·芒福德所说："一座城市的许可规模在一定意义上是随其通讯联络的速度和有效范围而变化的。"

因此，在城市基础设施的建设上，一方面要体现超前性规划和引导性建设的思想，将城市基础设施建设内容由传统的给水、排水、供电、防洪、公共交通、道路、公园、绿化、供燃气、供热力发展到信息高速公路以及环境监测与保护，甚至分质供水等现代生活不可缺少的内容方面来，并要在总体水平上保持相对充裕、供略大于求的状态。另一方面，又要统筹布局，开发强度上分类指导，以保持各项基础设施的建设有重点、有次序、有效益地稳定持续发展。

本章注释

[1]　胡俊. 中国城市：模式与演进. 北京：中国建筑工业出版社，1995.162
[2]　同本章[1].164

主要参考文献

1. 广东通志
2. 广州府志
3. 南海县志
4. 番禺县志
5. (宋)周去非. 岭外代答
6. (元)陈大震. 大德南海志
7. (清)屈大均. 广东新语. 广东人民出版社,1983
8. (清)仇沁石. 羊城古钞. 广东人民出版社,1993
9. (清)黄佛颐编. 广州城坊志. 广东人民出版社,1994
10. 广州市档案馆. 广州市档案指南. 中国档案出版社,1997
11. 广州市市政厅编. 广州市沿革史略. 1924
12. 市政厅总务科. 广州市政概况. 1922
13. 广州市政报告汇刊. 1924年
14. 程天固. 广州工务之实施计划. 1930
15. 广州市城市设计草案. 1932
16. 广州市政协文史资料研究委员会. 广州文史资料. 第18、35、36等辑. 广东人民出版社
17. 广州省城政协文史资料研究委员会. 广东文史资料. 第56辑. 广东人民出版社
18. 丘传英主编. 广州近代经济史. 广东人民出版社,1998
19. 马秀之主编. 中国近代建筑总览——广州篇. 中国建筑工业出版社,1987
20. 徐俊鸣. 广州史话. 上海人民出版社,1984
21. 徐俊鸣. 岭南历史地理论集. 中山大学学报编辑部,1990
22. 曾昭璇. 广州历史地理. 广东人民出版社,1991
23. 祝鹏. 广东省广州市佛山地区韶关地区沿革地理. 学林出版社,1984
24. 程浩. 广州港史. 海洋出版社,1985
25. 关履权. 宋代广州的海外贸易. 广东人民出版社,1994
26. 广州市政协文史资料研究委员会. 广州百年大事记. 广东人民出版社,1984
27. 广州市地方志编纂委员会. 广州市志·卷三. 广州出版社,1995
28. 广州统计年鉴(1995). 中国统计出版社,1995

29. 广州旧影(图册). 人民美术出版社,1996
30. 广州城建丰碑(图册). 广东人民出版社,1994
31. 十八世纪及十九世纪中国沿海城市商埠风貌(图册). 香港艺术馆,1987
32. 邓端本等. 岭南掌故. 广东旅游出版社,1997
33. 蒋祖缘等. 简明广东史. 广东人民出版社,1987
34. 杨万秀等主编. 广州简史. 广东人民出版社,1996
35. 李锦全等编著. 岭南思想史. 广东人民出版社,1993
36. 司徒尚纪. 岭南史地论集. 广东省地图出版社,1994
37. 李公明. 广东美术史. 广东人民出版社,1993
38. 张仲礼主编. 东南沿海城市与中国近代化. 上海人民出版社,1996
39. 陆元鼎等. 广东民居. 中国建筑工业出版社,1990
40. 广州古都学会. 论广州与海上丝绸之路. 中山大学出版社,1993
41. 胡华颖著. 城市·空间·发展——广州城市内部空间分析. 中山大学出版社,1993
42. (美国)威廉·C·亨特著,冯树铁译. 广州"番鬼"录. 广东人民出版社,1992
43. 张春阳. 肇庆古城市研究. 华南理工大学博士论文,1993
44. 谢少明. 广州近代建筑研究. 华南理工大学硕士论文,1987
45. 张代合. 近代广州建筑发展中的社会习俗因素初探. 华南理工大学硕士论文,1989
46. 胡俊. 中国城市·模式与演进. 中国建筑工业出版社,1995
47. 孙施文. 城市规划哲学. 中国建筑工业出版社,1997
48. 张兵. 城市规划实效论. 中国人民大学出版社,1998
49. 齐康主编. 城市环境设计与方法. 中国建筑工业出版社,1997
50. 王建国. 现代城市设计理论和方法. 东南大学出版社,1997
51. 吴良镛. 吴良镛城市研究论文集. 中国建筑工业出版社,1998
52. 董鉴泓主编. 中国城市建设史. 中国建筑工业出版社,1985
53. 沈玉麟. 外国城市建设史. 中国建筑工业出版社,1995
54. 杨宽. 中国古代都城制度史. 上海古籍出版社,1993
55. 吴庆洲. 中国古代城市防洪研究. 中国建筑工业出版社,1995
56. 宁越敏等. 中国城市发展史. 安徽科学出版社,1994
57. A.B.布宁等,黄海华译. 城市建设艺术史. 中国建筑工业出版社,1992
58. 王贵祥. 东西方的建筑空间. 中国建筑工业出版社,1998
59. 侯幼彬. 中国建筑美学. 黑龙江科学出版社,1997
60. 博筑夫. 中国经济史资料. 中国社会科学出版社,1990
61. 吴刚. 中国古代的城市生活. 商务印书馆国际有限公司,1997
62. 中国历史地图集编辑组. 中国历史地图集. 中华地图学社出版,1975
63. 汪坦主编. 第五次中国近代建筑史研究讨论会论文集. 中国建筑工业出版

社，1998
64. 汪坦主持. '98 中国近代建筑史国际研讨会论文集
65. 杨鸿勋主持. 第一届中国建筑史学国际研讨会论文集，1998
66. 刘管平. 广州庭园. 建筑师. 第五期. 中国建筑工业出版社，1980
67. 陈代光. 岭南历史地理特征略述. 岭南文史，1994(1)
68. 李俊敬. 珠江广州段江岸的演变. 羊城今古，1992(3)
69. 陈炳. 二十世纪初期华侨对广州建设的投资. 羊城今古，1988(1),(2)
70. 阎小培等. 广州城市地域结构与规划研究. 城市规划，1998(1)
71. 丁建伟，姜崇洲. 广州市分区规划编制及其信息系统的建立. 城市规划，1997(2)
72. 方仁林. 广州城市形象规划. 城市规划汇刊，1998(2)
73. 杨宏烈. 广州骑楼街的文化复兴. 规划师，1998(3)
74. 吴庆洲. 中国古代哲学与古城规划. 建筑学报，1995(8)
75. 朱文华执笔. 1997~1998 年中国城市规划发展趋势. 城市规划汇刊，1998(4)
76. 吴志强. "全球化理论"提出的背景及理论框架. 城市规划汇刊，1998(2)
77. 马武定. 21 世纪城市的文化功能. 城市规划汇刊，1998(1)
78. 余琪. 现代城市开放空间系统的建构. 城市规划汇刊，1998(11)
79. 郭湛. 单位社会化，城市现代化. 城市规划汇刊，1998(11)
80. 王建国. 生态要素与城市整体空间特色的形成与塑造. 建筑师，1998
81. 叶贵勋等. 城市战略性规划的研究. 城市规划汇刊，1998(4)
82. 田莉. "都市里的乡村"现象评析. 城市规划汇刊，1998(2)
83. 周霞，刘管平. "天人合一"的理想与中国古代建筑发展观. 建筑学报，1999(11)
84. 周霞. 世纪末的建筑形态. 新建筑，1995(4)
85. 周霞. 明清时期广州城市形态特征. 华南理工大学学报，2000
86. 杨春，周霞. 民族性、地方性的探索. 建筑师. 第 70 期，1996(6)
87. 建筑学报. 1993 年至 1999 年 5 月各期
88. 城市规划. 1995 年至 1999 年 5 月各期
89. 城市规划汇刊. 1997 年至 1999 年 5 月各期
90. 建筑师. 各期
91. 岭南文史. 各期
92. 羊城今古. 各期
93. KLYNCH. A THEORRY OF GOOD CITY FORM. MIT PRESS，1981
94. AROSSI. THE ARCHITECTURE OF FHE CITY. MIT PRESS，1982
95. KLYNCH. THE IMAGE OF THE CITY. MIT PRESS，1960
96. LMUMFORD. THE CITY IN HISTORY. PENFUIN PRESS，1961
97. 大清帝国城市印象. 上海古籍出版社，上海科学技术文献出版社，2002

后 记

本书是在我的博士学位论文的基础上稍做修改而成的。当我把书稿交付出去的时候，并没有感到太多的轻松。

1989年本科毕业后我做过教师，1993年考入华南理工大学读研究生。1996年，在不断的学习研究过程中，我逐渐领悟到广州这座城市独特的魅力、所蕴含的重大研究价值。通过对广州的个案研究，可以透视中国古代城市的基本形态特征以及近现代的演变特点和今后的发展走向。华南理工大学建筑历史与理论博士点有对岭南古城进行个案研究的传统，在我之前就有两篇博士学位分别对肇庆古城、潮州古城进行了研究。作为以城市规划专业为起点的学生，我自然地把类似的选题作为博士论文的研究方向，同时，由于华南理工大学建筑系的课程结构和环境氛围，我把研究的重点锁定在城市的物质形态层面上。广州地处岭南，历史悠久，自秦建城以来，便在漫长的历史岁月中延续下来。从时间上看没有中断过，从空间看没有发生过转移，从城市功能上看也极为明确并且长期稳定发展。同时，长期以来外来文化和商业贸易的影响使广州城市文化有极强的地方特色。然而这样的一个城市在近代以来变化非常快，传统的遗存基本上所剩无几，实物例证非常有限。另外，岭南长期以来重实践轻理论的传统，导致资料不多，而且也不系统。再加上自身的学识素养有限，所以对我来说研究工作比较艰难。所幸的是，在此过程中我得到了老师、专家和朋友的关心和支持，因此得以最终完成论文工作。

博士论文是在1999年6月上旬顺利通过答辩的，6月底我分配到广州市城市规划局规划设计所工作。随着广州"一年一小变，三年一中变"系统工程的展开和2000年广州行政区划调整后新一轮城市规划的启动，日常工作比较繁忙，再加上2001年底小孩的出世，我除了忙于应付外，无暇顾及其他，论文的修改出版工作完全被搁置起来。

2003年10月，我调往佛山市规划局任总规划师。2004年春节前后，得知陆元鼎教授将组织一个岭南建筑文化论坛的高层次学术研讨会，并准备在会上出版一套"岭南建筑文化"丛书，我的论文被列入其中。听到这个消息，我既感到高兴，又觉得担心，因为更加繁忙的工作已使我心无旁骛，正当我打退堂鼓时，陆琦博士给予了大力的支持与鼓励，他不仅给了我一些具体的意见，还帮忙打理了出版工作的一切事宜。随后我利用工作的空余时间，对文字上的错漏进行了更正，对第七章的内容进行了修改，对插图进行了整理。

　　这5年来，我也注意到论文的一些观点在业界逐渐得到认可，并经常性地被引用，有很多朋友向我索要论文。我想，广州近年来大规模的城市建设过程中，如何将过去、现在、将来融合起来，是城市规划主管部门和规划设计人员都非常关心的问题，本书正是在这一方面可以提供一些参考，开阔视野。但是，由于时间及自身的水平有限，书中有许多不尽人意的地方，现在出版发行就权当是抛砖引玉，请读者批评指正。

　　本书得以出版，首先感谢我的两任导师刘管平教授多年来在学业上的精心指导和各方面的关心帮助，在本项工作的选题、研究、写作过程中，刘管平教授给予了热情的鼓励和指点，导师求实的学风、真诚的为人，使我深感敬佩。还要感谢在整个研究工作阶段，导师给我营造了一个纯净的研究氛围，这在功利主义风气盛行的当今社会是很难得的。还要感谢师母谭伯兰女士，感谢她对我学习及生活上的种种关心。

　　感谢给我关心和帮助的华南理工大学建筑学院的全体教师！尤其要感谢陆元鼎教授及夫人魏彦钧女士，感谢他们对我的关怀，没有他们的热心帮助，论文不会现在出版；感谢陈建新教授，他一直关心着论文的进展情况，在不同的阶段均给了有益的指导；感谢吴庆洲教授、邓其生教授，他们的教诲使我受益匪浅。

　　感谢广州历史文化名城办公室的刘亦文先生，刘亦文先生热心地提供了大量的线索，使我能借助多种途径开展工作；感谢陆琦博士，与陆琦博士的交谈使我常常产生新的感悟；感谢广州市规划局局长潘安博士，本研究在选题及写作过程中都得到过潘安博士的肯定和深刻指点。

　　感谢同窗好友，他们是戴志坚博士、燕果博士、刘定坤博士、杜黎宏先生、王健博士、郭昊羽博士，与他们的愉快交流拓宽了我的视野。感谢师妹孟丹女士、尹朝晖小姐、杨金玲小姐、倪文岩女士、黄全乐女士，她们使我的生活充满了乐趣。

感谢广州市城市规划局、广州市历史文化名城办公室、广州市地方志馆、广州市档案馆、中山图书馆等有关部门的大力支持，没有这些部门的支持帮助，这项研究工作不可能完成。

感谢佛山市地理信息中心刘松涛先生、规划院彭建德先生对书中插图的整理工作。

感谢我的先生杨春建筑师始终如一对我学习和工作的鼓励和支持！

感谢中国建筑工业出版社编辑张幼平先生和唐旭小姐，没有他们的辛勤工作，论文不会出版。

最后我还要向参加我的博士论文评阅、评议和答辩的学者专家特别致谢，他们是华南理工大学建筑学院何镜堂院士、陆元鼎教授、吴庆洲教授、邓其生教授、陈建新教授、肖大威教授，设计研究院陶郅副院长；清华大学徐伯安教授；中山大学阎小培教授、保继刚教授；重庆大学黄天其教授；西安建筑科技大学赵立瀛教授；昆明理工大学朱良文教授；广州市规划局史小予总工程师、方仁林副总工程师。感谢他们对论文的肯定和指正！

周　霞
2005 年 2 月